AF600934

DE L'ÉLEVAGE DU CHEVAL,

DES COURSES

ET

DE L'AMÉLIORATION DES RACES CHEVALINES EN FRANCE.

PAR

M. DE VEAUCE,

ÉLEVEUR DU DÉPARTEMENT DE L'ALLIER.

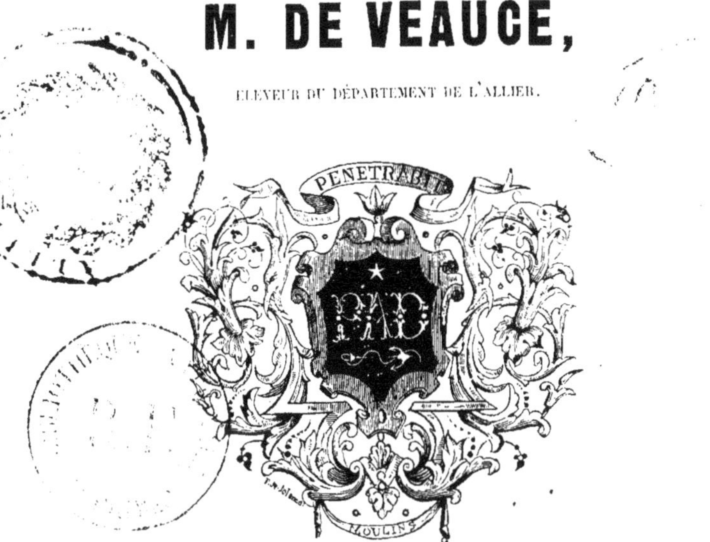

Moulins,

P.-A. DESROSIERS, ÉDITEUR,

PARIS,

AU BUREAU DU JOURNAL DES HARAS, 10, RUE DUPHOT.
CHEZ Mme VEUVE HUZARD, RUE DE L'ÉPERON.
CHEZ DENTU, AU PALAIS-NATIONAL.
CHEZ CHAMEROT, LIBRAIRE, 13, RUE DU JARDINET.

1848.

Cheval arabe

Cheval anglais

Les observations que j'entends si souvent autour de moi, les idées singulières et les questions bizarres qui me sont faites, relatives aux chevaux de pur sang, me décident à prendre la plume, pour donner à mon pays les quelques notions d'élevage que je sais, et ce que j'ai appris à cet égard, tant dans mes voyages dans presque toute l'Europe que dans mes visites fréquentes en Angleterre. Je m'adresse tout particulièrement au Bourbonnais. On ne devra donc point être étonné que je revienne quelquefois sur tout ce qui pourrait être utile et approprié aux besoins de cette contrée et de celles qui l'environnent.

Ceci n'est point un ouvrage; je n'ai pas la prétention d'écrire ni de commenter; mais si les quelques idées que je vais émettre dans ces notes diverses pouvaient être utiles à quelques-uns, le but que je me propose serait atteint. Heureux si je pouvais prouver un jour que le Bourbonnais est un des meilleurs pays d'élevage de la France, et lui obtenir la réputation, méritée déjà par les succès de *Miss Annette* et de *Fra-Diavolo,* qui ont fait la réputation de l'écurie de lord Seymour, et qui sont nés près Saint-Pourçain, chez M. de Sambucy.

On verra, dans ce petit aperçu, que j'ai cherché autant que possible à établir par des chiffres authentiques les preuves de ce que j'y avance, ayant voulu rassembler quelques-unes des opinions émises par les auteurs les plus célèbres à cet égard, comme pièces à l'appui de mes propres convictions.

DE LA RACE CHEVALINE

EN FRANCE.

On parle bien souvent de nos anciennes races Françaises; c'est une réputation qui dure depuis des siècles.—Quiconque veut en connaître l'histoire n'a qu'à lire la *France chevaline* par M. Eugène Gayot, auquel je vais emprunter quelques fragments. « Les meilleures races chevalines d'Europe ont appartenu à la France, aussi longtemps qu'aucune nation d'Europe n'a donné de soins spéciaux à la culture de ce noble animal. Ce fait est dans notre conviction; car rien autour de nous ne vient ni l'affaiblir ni l'improuver. A part l'organisation sociale dont il était une conséquence forcée, une suite nécessaire, il avait encore son principe et sa base appuyés sur les circonstances générales de sol et de climat qui, de tout temps, ont été dans notre beau pays essentiellement favorables à la bonne production du cheval. Des témoignages séculaires l'attestent d'une manière irrécusable. Jules César a fort déprécié les chevaux d'Allemagne et beaucoup vanté au contraire ceux de nos aieux. — Pline rapporte, en parlant des guerriers Gaulois, qu'ils rentraient triomphants dans leurs terres, où ils vivaient pêle-mêle avec leurs poulains, roussains, haquenées, uniquement occupés et attentifs à multiplier de tels animaux. »

Charlemagne s'occupa de l'amélioration de l'espèce chevaline avec cette haute intelligence qui rayonnait dans tous ces temps. — Les capitulaires de ce souverain font foi de l'attention qu'il apportait à la remonte de sa cavalerie, et ses longues victoires disent assez haut l'usage qu'il faisait de cette arme. Plus tard encore, et avant l'introduction du sang oriental dans l'espèce anglaise, Guillaume le Conquérant, duc de Normandie, importait dans la Grande-Bretagne notre race normande, fameuse avant les croisades. Nous pouvons donc croire avec beaucoup d'autres, répéter même avec quelque confiance, qu'autrefois la France possédait des races de chevaux estimées au dehors, qu'elle en faisait un commerce d'exportation profitable au pays. Rien d'étonnant alors que ses rois pussent en offrir en cadeau aux souverains étrangers, ainsi qu'en témoigne l'histoire.

Cette réputation de nos races équestres et leur condition prospère ont duré jusqu'au règne de Louis XIII. Mais à partir de cette époque, la France chevaline s'appauvrit; et, contraste étrange, tandis que le pays grandissait en unité, en puissance, en population, le nombre et le mérite de ses chevaux allaient diminuant et s'affaiblissant à tel point qu'il devint bientôt tributaire de ses voisins. La grande féodalité entraîna dans sa chûte ces écuyers du moyen-âge qui dressaient avec tant de succès des destriers, des palefroys, des haquenées, des genêts, qui s'entendaient si bien à appareiller des étalons arabes, persans, barbes, avec des juments limousines et normandes. La royauté concentra tout en elle. Ses ordonnances ne purent obtenir ce que faisait si facilement la rivalité des membres de la haute aristocratie. Déjà, nous l'avons dit, pendant que la France était ainsi frappée dans le principe même de la bonne production de ses races chevalines, l'Angleterre commençait cette série de réformes et d'améliorations qui devaient lui assurer dans l'avenir une supériorité réelle, absolue, et jusque là, vraiment inouïe. Elle arriva peu à peu à se constituer, sous le rapport hippique, comme avait été précédemment constituée la France. La plupart des grands seigneurs eurent leur haras; tous rivalisèrent de soins, d'intelligence et de sacrifices. Nous pouvons apprécier maintenant l'importance et les résultats de cet immense concours, de cet heureux concert des efforts de tous vers un seul et même but.

De son côté, l'Allemagne ne restait pas stationnaire; elle travaillait à perfectionner ses différentes races, et elle y mit autant de zèle que de persévérance.

La Hongrie, l'Autriche, la Prusse, le Mecklinbourg, le Danemarck, la Frise, la Hollande s'attachèrent à rendre leurs produits indispensables à la grosse cavalerie de toutes les armées européennes, au luxe de toutes les familles opulentes. Le débouché permanent que notre infériorité leur assura devint pour elles une cause active de succès, et favorisa singulièrement leur marche vers le but qu'elles poursuivaient.

Nous restâmes en arrière; mais les causes de notre pauvreté, hâtons-nous de le redire, étaient d'un ordre tout politique et social; elles n'accusaient en rien ni le sol, ni le climat de la France. (1)

Ce fut alors qu'on chercha par tous les moyens possibles à réparer notre pénurie: on établit un système étrange de croisements irrationnels de toutes les races du globe entre elles;— ce qui produisit les alliances les plus hétérogènes et les plus disparates, et mit le comble à la confusion. Toutes nos races y passèrent; il n'en résulta que le désordre. L'Angleterre seule, plus judicieuse, ou déjà plus expérimentée, n'adopta pas ces nouvelles théories, et sut ainsi se soustraire au mal immense qui détruisit de fond en comble nos races Françaises.

Telle était l'état de choses en 1639, lorsque Louis XIII chercha lui-même à réorganiser les races en établissant des haras; mais il échoua.

Plus tard, le 17 octobre 1665, Colbert constitua les haras publics par un arrêt du Conseil, et fit à cet effet distribuer des étalons aux particuliers. Un

(1) *La France chevaline*, par Eugène Gayot.

arrêt à cet égard, rendu par Louis XIV, mérite de trouver ici sa place.

« Le roy ayant résolu, pour le bien de ses sujets, de rétablir les haras dans son royaume, et particulièrement en la généralité de Moulins, qui estait autrefois abondante et fertile en bons chevaux, y auroit faict conduire plusieurs estalons que Sa Majesté a fait achepter dans les pays estrangers, et les auroit faict distribuer à ceux de sa noblesse et autres qui se sont trouvés en lieu propre, et en volonté de respondre le plus utilement au dessein de Sa Majesté, lesquels mesme elle aurait, par l'arrest de son Conseil du 17 octobre 1665, deschargés de tutelle, curatelle, logement de gens de guerre, guet et garde des villes, même de la collecte des tailles, et de trente livres d'icelles, sur le pied de leurs taux, tant et si longuement qu'ils demeureraient chargéz des dits estalons, avec permission de prendre cent solz de chaque cavalle qui aura servi au dit haras, et qui serait marquée, avec les poulains qui en proviendraient, d'une L couronnée, sans que les dites cavalles et poulains ainsy marquez puissent estre saisis pour la taille ou autres deniers de Sa Majesté, ny pour deptes des communautés; mais d'autant que les soins que Sa Majesté a pris pour une chose si importante à son service, et à l'advantage de son royaume et les dépenses qu'elle y a faictes se trouveront inutiles si l'on ne retranche en même temps les estalons mauvais, deffectueux, aveugles, poussifs, poulains de 2 ou 3 ans et autres incapables de produire de bons poulains, et si l'on n'empesche pareillement que les cavalles de la mesme qualité ne soient couvertes par les bons estalons,

Sa Majesté aurait résolu d'y pourvoir, et mesme de communiquer à ceux qui voudront avoir en leur particulier de bons estalons les mesmes privilèges qu'à ceux auxquels Sa Majesté a faict distribuer les siens, ainsy qu'à ceux qui auront des cavalles pour servir aux haras, et qui nourriront des poulains, afin d'exciter tous ses peuples, par les grâces qu'elle leur accorde, à concourir à une fin qui ne leur peut estre que très-utile et profitable. D'ailleurs, Sa Majesté auroit esté informée qu'une des principales causes de la ruine des haras en la dite généralité, et celle qui faict le principal obstacle au rétablissement d'iceux, est que les seigneurs des paroisses, gentilshommes et autres, avaient accoustumé de prendre par auctorité les estalons, cavalles et poulains appartenant à leurs vassaux, et habitants de leurs terres, et de s'en servir lorsqu'ils en avaient besoin pour eux et leurs valets; les renvoyants souvent estropiés ou ruinéz, en sorte que les dits habitants et paisans se sont rebuttez d'en nourrir, et n'osent encore présentement entreprendre d'en tenir, dans la crainte de pareils accidents; à quoy estant aussy important de pourvoir, ouy le rapport du sieur Colbert, conseiller ordinaire au Conseil royal, et contrôleur général des finances.

« Sa Majesté, en son Conseil a ordonné et ordonne que ceux lesquels désireront tenir des estalons à l'advenir, seront tenus d'en faire leur déclaration au greffe des élections dont ils dépendent, avant le premier février de chaque année, desquelles déclarations le greffier sera tenu d'envoyer le dit jour premier février un extrait de luy signé et certiffié au sieur Tubeuf, commissaire departy par Sa Majesté en la dite généralité de Moulins, pour estre ensuite les dits estalons visitéz par celluy que Sa Majesté a préposé pour avoir le soin à l'inspection des haras en la dite généralité, qui marquera ceux qu'il aura approuvez, et en donnera ses certificats, desquels il rapportera les doubles audit sieur Tubeuf, pour par ses ordres, estre iceux avec le roolle de ceux auxquels les chevaux de Sa Majesté ont été distribuez, enregistrez avant le premier avril de chacune année au greffe des dites élections pour y avoir recours, quand besoin sera. Faict Sa Majesté très-expresses inhibitions et deffences à toutes personnes de quelque qualité et condition qu'elles soient, de tenir aucuns estalons qui n'ayent été ainsi veux, approuvez et marquez, à peine de confiscation des dits étalons et 300 livres d'amende; ordonne que ceux qui auront les dits estalons approuvez jouiront des privilèges accordez à ceux qui sont chargés des dits estalons de Sa Majesté, suivant ledit arrest du 17e jour d'octobre 1665, sans que les cavalles qui auront servy aux dits haras soit de Sa Majesté ou des particuliers, et les poulains qui en proviendront marquez de la même marque, puissent être saisis ni exécutez pour la taille et autres deniers de Sa Majesté, ni pour septes de communautés ou particuliers, à peine de nullité, et de 100 livres amende contre l'huissier, sergent ou autre officier qui aura faict la dite saisie; déclarant néant moins Sa Majesté qu'elle n'entend point obliger les propriétaires des cavalles et poulains à les faire marquer si bon ne leur semble, et qu'elle laisse en leur liberté de le faire ou non, cette marque n'estant à autre fin que pour la seureté et la conservation des dites cavalles et poulains; faict Sa Majesté deffence à tous ceux qui ont estalons de leur laisser couvrir de petites cavalles aveugles, et autres incapables de porter de beaux poulains, à peine contre ceux qui seront chargez des estalons de Sa Majesté d'en estre privez; et contre ceux qui en auront en leur particulier, de confiscation de l'estalon et en outre contre les uns ou les autres de perte des priviléges et de 300 livres d'amende; faict deffence aux seigneurs des parroisses, gentilshommes et autres, de se servir par force ou par auctorité des dits estalons, cavalles ou poulains, à peine d'encourir l'indignation de Sa Majesté, qui y pourvoira sur les advis qui luy en seront donnez par celluy qu'elle a commis à l'inspection des dits haras; enjoint aux prévots ou mareschaux, vis-séneschaux, leurs lieutenants, exempts, archers et autres officiers de saisir et arrêter prisonnier tous ceux qu'ils trouveront montez sur les dits estalons, cavalles et poulains marquez de la dite marque; ordonne pareillement à tous ceux qui seront chargez des dits estalons de Sa Majesté d'observer exactement le contenu et l'instruction sur ce faict, à peine d'être privé des dits estalons et de tous les dits priviléges, mesme de 300 livres d'amende laquelle, ensemble les autres ci-dessus ordonnées, seront adjugées sur les simples procès-verbaux et rapports de celluy qui a été préposé par Sa Majesté aux dits haras, sans qu'il soit besoin d'autre formalité ny procédure, et sans qu'elles puissent être remises ny modérées; et sera le présent arrêt avec celuy du 17 octobre 1665 enregistré et publié es-sièges présidiaux, séneschaussées, bailliages, et élections de la généralité de Moulins, et partout ailleurs où besoin sera, enjoint Sa Majesté audit sieur Tubeuf, commissaire diparty en icelle, de tenir la main à l'exécution des dits arrests. Et seront les ordonnances et jugements par luy rendus pour raison de ce exécutez no-

nobstant oppositions ou appellations quelconques, dont si aucunes interviennent Sa Majesté s'est réservée la connoissance, icelle interdite et défendue à toutes ses cour et juges.

Signé : SÉGUIER, VILLEROY, D'ALIGRE, DESÈVE, COLBERT.

A Paris, le 29 septembre 1668. (1).

Ainsi donc cet arrêt prouve d'une manière authentique que le Bourbonnais a été célèbre dans la production de ses chevaux. En effet peut-il être si voisin du Limousin, de l'Auvergne et du Morvan, sans se ressentir des avantages dont jouissent ces différentes contrées pour l'élevage?

On peut se pénétrer par ce qu'on vient de lire de tous les moyens qu'on employait pour chercher à améliorer les chevaux, mais les guerres de la Ligue, d'Augsbourg, de la Succession, la bataille de Hochstet, celles de Ramillies, de Malplaquet, les guerres d'Espagne et toutes celles de cette époque, épuisèrent tellement toutes les races chevalines en France, qu'on fit un règlement en 1717 dans lequel on voit que l'État ne pouvait plus se dispenser d'essayer de tous les moyens pour réparer

(1) Cet arrêt est extrait de la *France chevaline*, par Eugène Gayot, page 12.

sérieusement nos pertes. Malheureusement les résultats n'aboutirent qu'à peu de choses; car Bourgelat écrivait 50 ans après, en 1769, se plaignant toujours de la dégradation des races. On fit bien de nouveaux efforts, mais les nombreux abus ont plus tard détourné le gouvernement de la voie du progrès, pour le jeter dans une foule d'inconvénients. La constitution des haras tout entière, appuyée sur le privilége, protégée avec excès par des mesures répressives beaucoup trop rigoureuses, ne pouvait se défendre contre le principe même de la liberté; elle succomba.

La destruction des établissements de haras fut prononcée par le décret du 29 janvier 1790.

La loi du 19 novembre 1790 ordonna la vente immédiate de tous les étalons qui appartenaient à l'État, soit qu'ils existassent dans les dépôts de l'administration des haras, soit qu'ils fussent aux mains de détenteurs particuliers.

L'industrie privée restait donc seule, quand arrivèrent les guerres de la République. Cernés par les puissances étrangères, il nous fallut nous approvisionner sur notre propre sol et employer toutes nos ressources. Les réquisitions s'établirent et nous enlevèrent la plus grande partie de nos poulinières, des étalons, et des plus beaux élèves, et avec eux, l'espoir de toutes nouvelles productions, en même temps qu'elles amenèrent le découragement parmi les gens qui s'adonnaient à l'élevage: ce genre d'industrie n'offrant alors aucune garantie aux spéculations, et n'ayant plus ni avantage ni sûreté, puisque d'un moment à l'autre on pouvait se voir enlever les produits de son établissement.

On ne savait que faire pour avoir des chevaux. La Convention nationale rendit, le 2 germinal an III, une loi portant établissement provisoire de depôts nationaux d'étalons pour relever l'espèce des chevaux et des autres animaux utiles à l'agriculture et aux transports.

En 1802, Huzard Père publia, par ordre du gouvernement, son livre intitulé: *Instruction sur l'amélioration des chevaux en France.* L'industrie privée n'osait plus rien entreprendre; l'effet produit par les réquisitions, et la manière désastreuse dont elles étaient faites ne pouvaient s'oublier encore. Les choix étaient toujours tombés de préférence sur ce que l'on avait de mieux en étalons, en poulinières et en produits. « Enfin, les choses en « étaient venues au point que les beaux chevaux,

« jadis l'orgueil du laboureur, devenaient pour lui
« un sujet de crainte et une cause de misère qui
« le forçait, pour son propre intérêt, à s'en débar-
« rasser à quelque prix que ce fût, pour échapper
« au fléau de la réquisition, et à les remplacer par
« des individus tarés, et assez défectueux pour être
« jugés indignes ou plutôt incapables de faire le
« service des armées (1). »

Napoléon fut donc forcé de faire intervenir l'État, et créa une nouvelle organisation des haras par son décret en date du 4 juillet 1806. Déjà le 31 août 1805, un décret impérial daté du camp de Boulogne avait institué des courses publiques dans les départements les plus occupés de l'élève du cheval. A partir de ce moment, les progrès se firent journellement sentir; les écoles des haras, les augmentations de dépôts, tout contribuait au développement des races chevalines, et l'amélioration devenait sensible. L'appui du gouvernement faisait marcher avec confiance l'industrie particulière. Le Limousin et les autres provinces fournissaient déjà une quantité de chevaux de selle, lorsqu'arriva 1812 ; les évènements de la campagne de Russie nous obligèrent à nous créer une nouvelle cavalerie.

(1) *La France chevaline*, page 106.

Les ressources de l'étranger nous manquaient, et dans l'espace de 4 mois la France eut à fournir 40,000 chevaux. Cette fois encore comme en 1792, on enleva les étalons, les poulinières et les produits. Les haras éprouvèrent une nouvelle révolution, quand la campagne de 1815 vint achever de perdre totalement toutes nos ressources chevalines. De cette époque jusqu'en 1830, les progrès ne marchèrent que lentement; le goût du cheval reprenait cependant, lorsqu'arriva la révolution de juillet qui vint répandre l'inquiétude chez les éleveurs. Quelques personnes seulement s'occupaient des courses pour encourager l'industrie particulière ; car c'est uniquement dans ces épreuves, en raison des poids proportionnés et des distances, que l'on peut connaître la force et la valeur d'un cheval...

En 1833 cependant, quelques noms de chevaux fameux en grande réputation, venaient dans les dépôts encourager les éleveurs. Des produits français provenant des races de pur sang montraient à tous ce que l'on pouvait attendre et espérer d'une amélioration continue et raisonnée. Mais pour l'élevage comme pour toute espèce d'industrie quelconque, il faut du calme et de la stabilité dans les affaires ; car il faut bien du temps, et par conséquent une garantie de tranquillité durable. Quelques personnes se déclarèrent alors positivement défenseurs de la race chevaline. Déjà se forment des sociétés où domine le goût des chevaux. Les relations avec l'Angleterre augmentant chaque jour, nous voyons apparaître ces types si beaux, ces produits si complets appropriés à tous les usages, qu'ont su si bien élever nos voisins d'outre-mer. Rien ne prospère comme tout ce qui est à la mode; aussi chacun veut avoir des chevaux de valeur, de réputation; ce devient une rivalité d'élégance.

Les écoles d'équitation ont de nombreux élèves; le vicomte d'Aure, élève et digne successeur du comte d'Abzac, ancien écuyer cavalcadour et directeur du manége royal de Versailles, excite chez tous les jeunes gens de son école le goût du cheval; aussi ne sait-on qu'inventer pour utiliser l'art de l'équitation sous toutes les formes. En même temps que se formait le cercle de la rue Duphot, en 1838 et 1839, se montrait le cercle du Jockey-club, sous le nom de société d'encouragement des races de chevaux. Dans plusieurs parties de la France se formaient des sociétés de ce genre. Ce ne fut que vers 1840 que les princes eux-mêmes firent amener sur les hippodromes des chevaux sortant de leurs écuries. Les courses alors prenant plus d'extension, donnèrent une impulsion puissante à l'élevage. Le gouvernement venait de fonder l'école des haras. La quantité des étalons augmenta à mesure dans chaque dépôt. La question des remontes vint en 1842 occuper bien des esprits ; aussi, voyons-nous apparaître à cette époque les ouvrages de Messieurs Adolphe Dittmer, du vicomte d'Aure, du marquis de Torcy, du général Oudinot et tant d'autres. Un des ouvrages les plus importants sur les institutions hippiques et sur l'élève du cheval, par M. de Montendre, parut aussi à la même époque. Enfin le gouvernement donne des primes d'encouragement aux éleveurs; le Jockey-club use de toutes ses ressources pour donner des prix qui puissent stimuler l'emploi des types du pur sang qui désormais est reconnu devoir être le type producteur pour l'amélioration des races. Tel est l'état dans lequel est venu nous surprendre la Révolution de Février 1848.

Comme on peut le voir par ce résumé succinct, ce n'est guère que depuis 7 à 8 ans que l'on s'occupe avec soin de l'amélioration des races. Un produit né en 1841 par exemple ne pourrait devenir producteur, à son tour, que vers 1846, et ce ne serait par conséquent qu'en 1849 ou 50 que l'on pourra juger de la valeur de ses produits. Si je cite à dessein la date de 1840, c'est que ce n'est véritablement qu'à cette époque que l'industrie particulière s'occupa du cheval de pur sang, époque où la société de Jockey-club donna une plus grande impulsion à l'élevage en encourageant les courses.

Mais cependant déjà depuis longtemps se trouvaient dans les haras des chevaux de pur sang nés en France, qui avaient été vainqueurs sur l'hippodrome, et qui avaient donné déjà des produits dignes d'eux. Est-il besoin d'ouvrir le 1er volume du *Stud-Book* publié en 1838, pour parler d'Hercule de Fradiavolo, d'Ibis, Eylau, Laocon, Young Rayveler, Sanchot, Sylvio, Tartare, Téméraire, Young Tigris, Waxy, Young Whisker, et tant d'autres déjà inscrits comme produits nés en France et producteurs à leur tour en 1838. Le 2e volume du *Stud-Book*, qui ne parut qu'en 1840, donna une nouvelle série de chevaux devenus producteurs dans ces deux dernières années. Nous touchons encore à cette époque pour ainsi dire, et déjà bien des gens s'étonnent que les races de chevaux en France ne se soient pas encore améliorées.

Peut-on ne pas reconnaître le progrès cependant, quand on a vu au Derby de 1848 des chevaux comme *Pied de Chêne*, *Gambetti*, *Sérénade*, *Shamyl*, etc., etc. ?

N'oublions pas que les Anglais ont mis plus d'un siècle pour améliorer les leurs. C'est donc à nous à profiter de leur expérience pour marcher plus vite, et faire comme eux pour arriver au résultat que nous cherchons. Ils ont eu à vaincre bien des difficultés que nous n'avons pas chez nous; notre sol généralement sec et sablonneux, notre climat chaud et tempéré sont autant de ressources qui nous facilitent le travail, et nous assurent le succès ; et si le gouvernement continue à entretenir des commissions hippiques pour approuver les étalons ; à donner des primes aux juments et aux produits à établir, et encourager les courses, il n'est nul doute que les progrès ne marchent toujours croissants, et qu'avant peu on ne puisse, dans presque tous les départements de la France, reconnaître une amélioration sensible.

DES COURSES.

Que de gens en France s'imaginent encore que les courses sont une question de luxe ; il fallait naturellement, avant de se servir d'un producteur quelconque, savoir quels pouvaient être ses mérites; il fallait de plus lui donner dans des luttes des concurrents redoutables, pour connaître jusqu'à quel point étaient grandes sa force, sa vitesse, et sa vigueur. Quel autre moyen de juger un cheval mieux qu'une course? Car, comme le dit M. A. Richard (dans son ouvrage page 343) *De la conformation du cheval*, imprimé en 1847: « Le galop est l'allure « la plus rapide comme elle est celle qui exige le « plus d'efforts musculaires de la part de l'animal; « mais ces efforts sont bien modifiés, bien allégés, « par les bonnes dispositions de la charpente os- « seuse; c'est dans cette allure surtout que le sque- « lette du cheval a besoin d'offrir aux muscles de « longs leviers pour leur faciliter le déplacement « rapide de la machine.

« Un cheval, quelle que soit d'ailleurs son « énergie, la puissance de sa constitution, de sa « santé, etc., ne pourra jamais bien galoper s'il « n'a les éminences osseuses convenablement dé- « veloppées, et les formes anguleuses qui caracté- « risent généralement les chevaux de sang. Il ne « pourra pas avoir de vitesse si ses muscles sont « courts, quelle que soit d'ailleurs leur force; si la « poitrine n'a pas toute la capacité que nécessite « la respiration des animaux soumis à de grands « efforts longtemps soutenus. Le galop est, de toutes « les allures, celle qui demande sous tous les rap- « ports le plus de perfection du cheval; c'est pour « cela que les courses seraient un si bon moyen de « juger de la valeur d'un producteur, si elles « étaient bien comprises, dirigées suivant de bon-

« nes lois dont la physiologie et la mécanique four-
« niraient facilement les bases si on les consultait.

« Pour bien courir et avoir du fonds, un cheval « doit toujours avoir une forte poitrine, une grande « puissance musculaire, un système de leviers os- « seux très-prononcés, des membres bien articulés, « une grande force de tendons, et être d'origine de « choix. C'est alors seulement qu'il fera connaître « la différence qu'il y a entre un bon cheval et une « rosse, entre une locomotive dans de bonnes con- « ditions d'harmonie sur tous les points, et une « machine mal engrenée. » (1).

Disons-le donc avec M. Richard, oui, certes le galop est de toutes les allures celle qui demande sous tous les rapports le plus de perfection du cheval. Or, celui qui de tous galoppe le mieux sans contredit, le plus longtemps, pendant la plus grande distance, et avec le plus grand poids sur le dos, n'est-il pas le cheval de pur sang Anglais?

Qui ne connaît le trait de cette fameuse jument appelée Black-Bess, appartenant à un voleur du nom de Dick Turpin qui a été de Londres à York, distance de 200 milles (80 lieues de France) en 22

(1) *De la conformation du cheval*, p. 343, par A. Richard.

heures, et sauva ainsi son maître, en lui facilitant les moyens, par ce fait extraordinaire, de prouver son alibi; car étant poursuivi par la justice, Dick Turpin ayant prouvé qu'il était à York à telle heure, comme on l'avait vu à Londres 22 heures auparavant, les juges ne voulurent pas le condamner. La pauvre Black-Bess put à peine arriver à York, et comme tous les chevaux de sang, elle alla jusqu'au bout de ses forces et mourut sur la place.

Est-il nécessaire de rappeler l'histoire de ce fameux cheval gris appelé Grimaldi qui, dans une course au clocher, se sentant faiblir, regarde ses concurrents, rassemble toutes ses forces, réunit toute son énergie, franchit avec le plus grand courage tous les obstacles, gagne la course, et meurt en regardant venir les autres derrière lui.

Les traits des chevaux de pur sang se citeraient à l'infini; du moment où il est reconnu que pour apprécier le mérite d'un animal, il faut une épreuve, une lutte dans laquelle le plus fort à tous égards doit être victorieux, l'on comprend naturellement la nécessité des courses; car là où il y a difficultés à vaincre et à surmonter, là où il faut force, courage et énergie, là seulement on peut juger de la valeur et du mérite du cheval, et avoir tout lieu d'espérer de lui voir plus tard donner ses propres qualités à ses produits. C'est toujours le cheval le mieux conformé qui gagne le plus souvent. Ce serait une grande erreur de croire que les chevaux à longues jambes ont plus de chances; au contraire, là où il y a disproportion, il y a fatigue et gêne qui empêchent de pouvoir lutter longtemps. Les exemples sont là qui le prouvent.

Qui croirait en voyant Touchstone, Pantaloon, Lanercost, Plénipo, Charles XII et tant d'autres que ce sont là des chevaux de course; on a presque de la peine à supposer qu'ils aient jamais pu courir, tant ils sont gros, forts, immenses, construits dans des proportions énormes, mais avec un ensemble admirable; aussi, comment ont-ils été soignés et nourris? Voilà de suite la conséquence des courses qui se présente. La concurrence, la rivalité dans les luttes excitent la rivalité dans l'élevage; c'est à qui donnera le grain le plus lourd, le meilleur, à qui entretiendra ses chevaux dans l'hygiène la plus parfaite. Enfin, par tous les moyens possibles, il faut produire le mieux, il faut élever le mieux, se servir des types les meilleurs; il faut étudier pour ne pas se fourvoyer; il faut en un mot faire tout ce que l'intelligence peut inventer pour pouvoir vaincre; l'amour-propre et l'intérêt sont en jeu: ce sont des moteurs bien puissants. Un prix est donné; 200 chevaux sont inscrits pour le disputer; 200 sont élevés avec la plus grande perfection à cet effet. Un seul le gagne, et pour ce prix 200 chevaux enrichissent le pays de producteurs et de beaux types pour lesquels on n'a rien épargné. Parmi eux vous en trouverez de bons pour tous les usages. Tel est ce qui se passe en Angleterre; tel est le résultat des courses partout.

Disons-le donc, sans courses pas d'élevage possible! C'est là ce qui nécessite l'obligation de bien élever, sans quoi on ne peut réussir. Le mauvais cheval n'arrivera jamais; et le bon, celui qui sortira vainqueur, sain, net, et sans tare de toutes ces épreuves, sera seul reconnu producteur. Tel est, et tel doit être le but des courses; mais il faut le temps à tout, et en France, nous ne faisons que commencer.

On doit avoir des courses de tout genre avec des chevaux de toutes espèces. Puisqu'on veut avoir de bonnes poulinières, il faut connaître leurs mérites, et à cet effet, on a institué le prix de Diane, autrement dit Poule des Oaks où les juments seules peuvent courir.

Il faut des courses de trot, des courses de haies, des courses de chevaux attelés, comme on en a instituées au Pin, des courses de chevaux de chasse, de ferme et de service, enfin des courses de toute nature: alors chacun rivalisera d'émulation. Mais cet esprit de courses est tellement naturel chez l'homme que vous entendez toujours chacun vanter son propre cheval. Dans une rue, sur une grande route, un instinct secret ne vous fera-t-il pas chercher à dépasser celui qui se trouvera devant vous? Eh mon Dieu! quels sont ceux de nos pères qui ne se souviennent du temps interminable que l'on mettait à parcourir dans le coche de bien petites distances? La concurrence entre les diligences a seule contribué à augmenter la vitesse, et à faire garnir à cet effet les relais des meilleurs chevaux possibles. En un mot, de la concurrence nait l'industrie, nait le progrès.

Ne serait-ce pas l'occasion de raconter ici ce que j'entendais dire par des maîtres de poste des environs de Limoges et du Midi: Nous n'aurions jamais cru, disaient-ils, que les mauvais chevaux de sang que nous achetons de part et d'autre pour de misérables prix, et qui sont vieux, tarés, et souvent usés jusqu'à la corde, puissent malgré tout cela faire le service de nos grosses diligences. Ces chevaux ne sont que les rebuts des haras ou des courses ; ils sont maigres comme des harengs, ils semblent n'avoir pas de force. Mais tout le monde sait l'immensité de nos grandes diligences nationales ; et, malgré ce poids énorme, 5 chevaux de ce genre la mènent à plus de 4 lieues à l'heure. Tous les maîtres de poste de Limoges à Toulouse, à Pau, dans le centre, et toutes les directions du Midi, peuvent dire ce qu'ils savent des chevaux de sang.

Je n'oublierai jamais d'avoir vu à la diligence qui fait le trajet de Clermont à Aurillac, un malheureux cheval de sang, aveugle, et qui malgré 25 ans, dont 10 ans de service à cette diligence, entraînait non-seulement la diligence presque à lui seul, mais encore la moitié des mauvais chevaux qui y étaient attelés. Qui est-ce qui ne se souvient des relais de diligences attelées de chevaux Anglais, de Boulogne à Abbeville, avant les chemins de fer ? Mais ne faisons pas davantage de disgression : Je reprends la question.

Chaque genre de courses est basé sur des règles différentes : telle course admet telle ou telle espèce de chevaux ; telle autre les rejette. Tel cheval qui a gagné une course ne peut plus courir sans porter un poids plus fort que ses concurrents; il est reconnu qu'un poids de 4 livres fait entre 2 chevaux également bons une différence d'une longueur pour la distance d'une lieue ou de 2 tours d'hippodrome. C'est-à-dire que si deux chevaux du même âge, de même qualité, de même force, arrivent ensemble au même but, en portant le même poids, l'on peut remarquer ensuite qu'en faisant porter à l'un des deux 4 livres de plus qu'à son adversaire, ce dernier arrivera le premier; et celui qui porte les 4 livres de plus arrivera derrière lui, à la distance d'une longueur.

Avec du poids l'on peut donc équilibrer les forces, en augmentant les difficultés. A ce sujet, il est bon de dire qu'en Angleterre il est une course que l'on appelle (*the Goodwood cup*) *la coupe de Goodwood*, dans laquelle sont admis les chevaux de tous les pays du monde, et avec les conditions favorables que voici :

1°. Tous les chevaux anglais portent des poids rationnels à leurs mérites connus, ou relatifs aux prix qu'ils ont gagnés ;

2°. Les chevaux de pur sang anglais, nés sur le continent, sont admis dans la même course, en portant 14 livres de moins que le poids pour l'âge, relatif aux chevaux anglais ;

3°. Les chevaux issus d'un cheval arabe et d'une jument de pur sang anglais sont admis à la même course en portant 18 livres de moins ;

4°. Enfin, les chevaux issus de chevaux et juments arabes, barbes turques ou persans, sont admis en portant 36 livres de moins ; (1) et jamais encore, malgré ces différences énormes de poids, jamais, ni cheval français, allemand, turc ou arabe n'a pu gagner la coupe de Goodwood. Toutefois, je dois dire qu'un cheval allemand est arrivé l'an dernier, très-bon second ; son nom est *Armin.*

Dans les courses établies par la société d'encouragement du Jockey-Club, comme il fallait surtout n'avoir pour types producteurs que le cheval de pur sang anglais, puisque le seul il avait été reconnu comme le meilleur (ce qu'on vient de voir ci-dessus peut en fournir une preuve) ; et qu'alors on commençait un nouveau mode d'améliorations, les chevaux de pur sang anglais nés en France ont seuls été admis, afin de former un noyau de types régénérateurs qui puissent être divisés dans les

(1) Voir *Nemrod ou l'amateur des chevaux de course*, par Apperley, imprimé en 1838, page 29

différents haras. Les chevaux de demi-sang, et les chevaux arabes étaient donc rejetés de ces courses.

Aujourd'hui déjà, que le mérite du sang commence à être apprécié, il serait peut-être utile d'admettre dans toutes les courses les chevaux de toutes espèces, demi-sang ou arabes; car alors ce serait le meilleur moyen de réfuter les idées de routine: le résultat ne pouvant que constater l'infériorité de ces chevaux comparés à ceux de pur sang anglais.

On a dû comprendre naturellement que les chevaux de 3 ans devaient porter un poids moindre que ceux plus âgés, et toujours en proportion de leurs mérites et des distances à parcourir; car, il est des courses d'un tour, de deux tours et quelquefois de trois tours d'hippodrome, en partie liée. Il faut donc au moins être deux fois victorieux pour remporter ce prix. Ceci est pour les courses du gouvernement; mais pour les courses des sociétés, le cheval pour être vainqueur doit avoir gagné 2 fois, et tous les concurrents qui n'ont pas été distancés dans les premières épreuves recommencent à lutter avec lui jusqu'à ce que 2 fois le même ait triomphé. Il en résulte quelquefois que les mêmes chevaux font jusqu'à 5 courses de suite, de chaque fois 2 tours et quelquefois 3. Est-ce là ce que l'on peut appeler une course de fond? et n'est-ce pas là où l'on peut juger de la force, de la vigueur et des mérites d'un semblable vainqueur ?

On dit quelquefois qu'un cheval est vite, mais qu'il n'a pas de fond; c'est alors le cas de demander pour quelle distance il est vite? La vitesse soutenue est la preuve du fond, si elle dure un laps de temps donné, soit 4 kilomètres en partie liée. Car il est aisé de concevoir que tel cheval qui pourrait faire une demi-lieue en 2 minutes, ne pourrait pas faire une lieue souvent en 4 minutes; mais si, au lieu d'aller si vite en partant, on ménage un cheval, il est alors certain que, suivant l'allure qu'on lui donnera, il pourra aller plus ou moins longtemps. C'est ainsi que dans les courses de fond comme on les appelle, ainsi qu'il y en a à Mézières en Brennes, où l'on fait jusqu'à 4 tours en partie liée, on ne peut pas connaître plus la valeur d'un cheval que dans une course de 2 tours en partie liée, où la vitesse est beaucoup plus grande en proportion de la distance. Ainsi l'on verra généralement que dans une bonne course, le cheval qui sera vainqueur pour deux tours en partie liée, sera presque toujours vainqueur dans une course de plus longue haleine; car, si deux tours sont une distance assez grande pour que sur quatre chevaux concurrents, par exemple, il en est un qui gagne 2 fois les trois autres, c'est qu'apparemment, il a plus de force, plus d'énergie, plus de fond, et plus de vitesse que ses trois autres concurrents. Or si il est reconnu le plus fort des quatre, à plus forte raison, quand il y aura plus d'énergie à développer, plus de fond à avoir, plus de vitesse à déployer, il gagnera d'autant plus facilement que ses forces, son énergie, son fond, et sa vitesse, de plus que ses concurrents, lui serviront davantage.

Ainsi, le cheval qui peut aller le plus vite pour une distance de deux tours en partie liée, est certainement celui qui a le plus de fond, qui doit avoir les veines les plus larges; car le sang dans ses efforts y circule plus librement. C'est celui dont les poumons se dilatent le mieux, dont la respiration est le plus facile, dont les muscles ont le plus d'élasticité; c'est celui enfin qui doit avoir le plus de profondeur de poitrine, et dont la construction doit être la meilleure, puisqu'il va plus vite que les autres. Le cheval vite et qui n'a pas de fond est celui qui ne peut soutenir sa vitesse que pour une faible distance; et plus il mettra de rapidité au départ, plutôt il sera forcé de s'arrêter, car il manquera de fond. Ainsi donc une distance plus longue que 2 kilomètres en partie liée dans des courses n'a d'autre effet que de tuer, ou au moins fatiguer, de manière à leur être nuisible, les chevaux qui n'auront pas la force de vaincre en pareille circonstance.

J'entends dire quelquefois que 3 ans est un âge trop jeune pour amener un poulain sur le Turf. Il y a là deux considérations à juger: d'une part, la nourriture qui a poussé le cheval et avancé son développement; de l'autre, le prix énorme que coûte l'entretien d'un semblable cheval, et par conséquent l'empressement qu'on a naturellement d'obtenir le plutôt possible un dédommagement légitime. Du reste, un cheval de 3 ans de pur sang, préparé depuis sa naissance pour les courses, est deux fois plus fort à cet âge que ne l'est un cheval de 5 ans nourri comme on le fait ordinairement pour les chevaux de service.

Dans notre pays où l'amour du cheval n'est pas encore bien développé, rien n'est plus porté à le faire que les courses; ce spectacle, cette excitation dans ces réunions, les diners qui s'en suivent, les notions qu'on apprend, tout concourt à exciter le goût de l'élevage, et c'est ce qui se passe déjà dans une multitude de localités où les courses viennent d'être établies.

Chacun commence avec un cheval, puis deux, puis trois, et l'on finit par s'en occuper sérieusement. Je pourrais même à cet égard citer ma propre histoire :

En 1845 je n'avais qu'un cheval de 1/2 sang qui courait à Autun et qui n'a jamais pu battre des chevaux de pur sang, ce qui me décida à faire venir des juments de pur sang d'Angleterre; et aujourd'hui j'en ai plus de 12 et des poulains en conséquence. Nous n'avons été pas peu surpris de voir cette année à Autun amener sur l'hippodrome, pour un prix d'agriculture donné par la ville, des chevaux de demi-sang élevés dans le pays depuis l'établissement des courses, qui étaient vraiment très-beaux, et surpassaient tout ce que l'on pouvait espérer en si peu de temps; les courses d'Autun n'ayant été instituées qu'en 1845. Les courses de chevaux de cultivateurs ont aussi produit d'excellents effets.

Une des conséquences des courses qui ne manque pas d'importance, est le résultat du commerce, du mouvement de fonds et d'affaires qui se fait pendant la durée des courses dans les localités où elles ont lieu. Je citerai encore Autun pour en donner un exemple. Là, comme ailleurs, on choisit l'époque de la foire principale pour l'époque des courses. La société a eu le bon esprit d'intercaller les jours de courses, de manière que ceux qui viennent pour les courses restent pour la foire, et que ceux qui viennent pour la foire restent pour les courses, les bals, les fêtes de toutes sortes qui durent pendant environ une semaine. Sans cela, peut-être, ne serait-on pas venu du tout, tandis que de cette manière toutes les auberges sont pleines, l'affluence est on ne peut plus considérable, les occasions qui se rencontrent excitent le commerce, augmentent la consommation; tout le monde s'en trouve bien, et chacun en emporte soit des notions profitables, soit, dans tous les cas, un souvenir agréable.

Le croirait-on? d'après les recherches faites, les courses d'Autun en même temps que la foire en 1845 ont laissé dans la ville, qui n'est qu'une sous-préfecture, une somme de plus d'un million de francs. Un simple marchand de tabac m'a assuré avoir vendu pendant la semaine des courses pour plus de 3,500 francs de cigarres. Que l'on juge donc des effets que les courses pourraient produire si elles étaient établies dans presque toute la France. D'ailleurs n'avons-nous pas pour exemple les villes d'Angleterre, telles que Doncaster, Newmarket, etc., etc., qui n'ont d'autres ressources que les courses.

Je ferai observer que le bon cheval est presque toujours beau; car il n'est bon qu'en raison de l'ensemble de sa conformation, tandis que le cheval beau en apparence peut ne pas toujours être bon: de là la nécessité des épreuves pour juger de la conformation intérieure.

J'ai la persuasion intime que nos races normandes ont autrefois servi en Angleterre à former le type du *Pur sang*. Il ne faut pas oublier la quantité qui en a été emmenée en Angleterre; car, comme on l'a vu dans le chapitre précédent, nos guerres constantes, nos changements divers de gouvernement, nos dissensions politiques ont constamment arrêté, et quelquefois détruit nos améliorations chevalines. Pendant ce temps-là, les Anglais marchaient, faisaient des progrès immenses, accouplaient ensemble des chevaux dont le résultat devait servir à l'usage auquel on les destinait d'avance. Du perfectionnement des races est venu le perfectionnement de la machine, de la charpente, de la locomotive pour ainsi dire, et ils n'ont pas oublié qu'à cette locomotive, il fallait un moteur: ce moteur, c'est le sang; le sang, c'est cet ensemble de courage, d'énergie, d'instinct, du système nerveux qu'on peut appeler l'âme du cheval, et qui ne se trouve que dans le type du sang oriental perfectionné. Ainsi donc, par une alliance raisonnée des races, ils formaient successivement des hanches plus larges, des épaules plus inclinées, un garrot plus élevé, des reins plus courts. En un mot, les Anglais ont fini, par les observations, les soins les plus minutieux, la persévérance la plus constante, à développer les formes, à construire enfin un cheval analogue à leurs besoins et à leurs habitudes qui aujourd'hui sont les nôtres; et ce cheval ou cette machine, ils l'ont vivifié par le croisement du cheval de sang.

Mais ce type, ce cheval doué de cette âme, comment l'avoir? comment se le procurer? comment est-il arrivé en Angleterre à ce degré de perfection? — par les courses, et seulement par les courses; car ce n'est, je le répète, qu'à force de soins, qu'à force d'argent, à force d'industrie, d'instinct et de travail, ce n'est qu'à force de concurrence et d'émulation, et seulement par l'excitation des courses où l'amour propre et l'intérêt sont en jeu, qu'on est parvenu en Angleterre à devenir aussi riche en types producteurs. — De là donc le progrès général. Avec le cheval de pur sang, on a fait le 3[4 de sang, on a fait le 1[2 sang; et, ce sont autant de perfectionnements obtenus seulement par les degrés de croisements.

Mais aussi, il faut voir combien ce beau type est conservé avec soin, combien on encourage à sa production. Aussi, au lieu de dégénérer, les Derby, et Saint-Léger d'Epsonn et de Doncaster viennent prouver chaque année que les produits de Godolphin-Arabian, de Wellesley-Arabian, d'Eclipse, d'Hérod, de King-Fergus, etc., sont toujours dignes de la réputation de leurs ancêtres; et que peut-être même, si l'on se reportait aux annales de 100 ans en arrière, verrait-on qu'en raison des poids et des difficultés de nos jours, ils les ont peut-être dépassés en mérites, en force et en vigueur.

Ces chevaux vainqueurs devenus producteurs, c'est à qui se fera inscrire pour tel nombre de juments à leur donner. Un nombre qui d'ordinaire ne dépasse pas 40, ajouté à celui des juments du propriétaire de l'étalon, est fixé à l'avance, et une fois atteint il n'y a nul espoir pour cette année d'avoir des juments saillies par cet étalon ; il faut attendre à l'année suivante, et s'y prendre de bonne heure pour ne pas se trouver en retard.

Ce fait m'est arrivé personnellement. Voulant envoyer en 1848 une jument de France au fameux Touchstone, appartenant au marquis de Westminster, j'envoyai mon inscription en 1847; mais on me répondit qu'il était trop tard, et que toutes les inscriptions étaient faites jusqu'en 1849.

La saillie de Touchstone coûtait, il y a peu d'années, plus de 1,200 fr.; aujourd'hui, elle est diminuée en raison du nombre d'autres étalons de grand mérite, et ne coûte que 30 livres sterlings.—Généralement les saillies coûtent en Angleterre pour ces fameux étalons, (qui ne sont obtenus que par les courses, et qui servent de types), de 500 à 800 francs. —L'on peut donc aisément se rendre compte de l'intérêt qu'ils donnent à leurs propriétaires, auxquels, sans la saillie de leurs propres juments, ils produisent environ 25 à 30,000 francs par an, et souvent plus, sans parler de l'honneur. Aussi, comprend-on que l'Amérique ait acheté Piam 175,000 francs, que la Russie et l'Allemagne viennent constamment en Angleterre acheter des étalons de tête qu'on paye de 80 à 100 jusqu'à 150,000 francs, tandis que la France met la plus grande hésitation à envoyer acheter *Gladiator*, par exemple, pour 65,000 francs. Qui ne se rappelle les cris faits pour le prix payé pour Physician? Cependant, qui veut la fin doit vouloir les moyens. On a vu déjà l'amélioration produite par *Royal Oak*, par *Lottery*, *Alteruter*, et tant d'autres ramenés d'Angleterre. Encore ce ne sont pas là des chevaux vainqueurs du Derby ou du Saint-Léger dont j'ai parlés plus haut; ce ne sont pas des *Sir Hercules*, des *Pantaloon*, des *Emilius*, des *Vélocipède*, des *Don John*, des *Charles* XII, etc., etc... Savez-vous ce que répondait le marquis de Westminster à un prince Allemand qui lui demandait le prix qu'il vendrait *Touchstone?* — Toute une principauté Allemande ne payerait pas le prix de *Touchstone*, a répondu le lord Anglais.

Je ne prétends pas dire qu'en France il ne nous faudrait que des étalons de ce genre, ce serait vouloir une impossibilité; mais il nous en faudrait quelques-uns répartis dans les principaux haras de France. Il y a 20 ans on ne comptait en France que 30 étalons de pur sang; les haras en possèdent aujourd'hui 318 de pur sang anglais ou arabes, et encore dans ce nombre je ne craindrais pas d'avancer qu'il y en a beaucoup de terriblement inférieurs. Mais faute d'autres, il n'y a pas à choisir. Cependant il y a une amélioration évidente; car ce n'est qu'en 1833 seulement que les étalons de pur sang, mieux choisis et en plus grand nombre, ont été placés dans les dépôts de l'administration, et déjà en 1842 l'administration entretenait 206 étalons de pur sang anglais, ou étalons orientaux.

En	1843	—	236	En	1847	—	300
	1844	—	259		1848	—	321
	1845	—	286		1849	—	318
	1846	—	290				

En admettant que pour 300 étalons le renouvellement de chaque année doive se faire par douzième, ce qui fait 25, il y en aurait désormais bien peu à acheter à l'étranger. Car en 1844, l'industrie privée a pu fournir à l'État 12 étalons; en 1845, 14; en 1846, 16; en 1847, 16; et en 1848, une vingtaine parmi lesquels on doit citer *Fitz Emilius*, *Wagram*, *1er août*, *Shamil*, etc.

Si en présence du chiffre des étalons on mettait celui des juments poulinières de pur sang, on verrait qu'en 1837 il n'y en avait que 214, et qu'aujourd'hui il y en a 406. On compte de plus, arrivant dans la même année à l'âge de production, 275 pouliches. En admettant que ces 681 femelles de pur sang soient toutes conduites à l'étalon, on peut compter que les deux tiers seront fécondées; il en naîtra 450 produits, dont 225 mâles environ. Ce ne serait donc pas se flatter que de compter parmi eux sur 20 ou 25 chevaux propres à faire des étalons pour l'état. Ce calcul permet donc de compter que l'industrie privée sera, avant peu d'années, en état de fournir les éléments nécessaires pour le renouvellement des étalons de pur sang appartenant à l'administration (1) sans compter ceux de l'industrie particulière. On comprend donc combien il faut encourager l'industrie particulière par des primes aux élèves et aux juments, mais surtout par les courses; car pour les courses on élève en plus grand nombre, l'espoir de réaliser des prix vous empêche de regarder aux dépenses; on nourrit mieux, on soigne mieux, on étudie son affaire, on élève alors avec succès, on fait des membres forts, vigoureux, musclés; et je ne crains pas de le montrer à tous ceux qui voudront le voir, mes

(1) *Rapport de la Commission* formée en 1848, par Fould, rapporteur, page 22.

poulains de 8 mois sont aussi forts que des poulains ordinaires de 15 mois; et mes poulains de 18 mois aussi forts que des chevaux ordinaires de 3 ans. Ne puis-je donc pas espérer obtenir de cette manière quelques bons étalons pour mon pays?

Suivant sa fortune, chacun peut élever, soit un, deux, ou plusieurs chevaux. Grâce aux courses, le goût s'en répandra par toute la France; le nombre des chevaux s'accroîtra chaque année comme on peut le voir déjà par la statistique produite à cet effet; et, avant peu de temps nous aurions en quantité des sujets de choix dignes d'être employés aux croisements propres à tous nos besoins. Encourager l'industrie particulière par les courses, c'est le seul moyen d'arriver vite en progressant, et de n'être plus tributaire des pays étrangers; mais les courses, en faisant augmenter le nombre des chevaux et les faisant perfectionner, ne font pas seulement le bien à l'amélioration chevaline, elles entraînent avec elles toutes les conséquences si avantageuses à l'agriculture. Les prairies deviennent la première conséquence de l'élevage, les engrais, la conséquence des fourrages.—L'augmentation du nombre de bétail de tous genres accroîtra en raison de la quantité du fourrage et des engrais ; de là la dépréciation du prix de la viande qui facilitera aux populations pauvres des campagnes une nourriture plus saine et plus nourrissante ; de là donc les conséquences d'une hygiène plus rationnelle qui sorte de la routine et de la misère cette multitude de gens qui, travaillant avec ardeur, ne prennent pour toute nourriture que du pain noir, des pommes de terre et de la boisson. Quel est celui qui n'a pénétré dans ces chaumières malheureuses, et n'a vu au souper de la famille ces figures blêmes et rachitiques, ces corps épuisés de fatigue par le manque d'une alimentation nourrissante?

Oui, je le répète encore, l'élevage oblige à la création des prairies, et avec les prairies augmente le bétail; et tout le monde le sait, les prairies et le bétail, tel est le premier élément de l'agriculture, la base fondamentale du produit et de l'abondance.

J'ai cru devoir rapporter ici un extrait du rapport adressé au citoyen ministre de l'agriculture et du commerce au nom de la commission instituée en vertu de son arrêté en date du 25 avril 1848 :

« Une Commission est instituée qui, sous la présidence du ministre de l'agriculture et du commerce, étudiera toutes les questions qui se rattachent : 1° à la production et à l'élève du cheval ; 2° à la manière dont fonctionnent les diverses institutions hippiques actuellement existantes ; 3° aux meilleurs modes d'intervention directe ou indirecte à mettre en pratique, en vue de hâter l'émancipation particulière, le seul but que l'on doive se proposer d'atteindre. » (*article 1er de l'arrêté.*)

Étaient membres de cette commission : MM. Fouquier-d'Heroux et Luneau, vice-présidents ; De Sourdeval et Bourdet, secrétaires ; Devaux-Lousier, Le Bavillier, Camille Beauvais, De Mecflet, Eugène Barbier, De Croix, d'Hedouville, De Saint-Vallier, Auguste Eupin, Yvard, Renault, Prince, Bouley jeune, d'Aure, De Lancosme, Brèves, Gerson, Geoffroy Villeneuve, Delacour, De Turenne, De Blanpré, l'Herbette, Havin, Hervé de Kergolay, Hilaire de la Fresnage, De Laroque Ordan, Boulay (de la Meurthe), général Alexandre de Girardin, Perrot de Thameberg, Gayot, De Baylen, vice-secrétaires ; général Subervic, général Randon, général Bougenel, colonel De Pointe de Gévigny, désignés par M. le ministre de la guerre ; Achille Fould, rapporteur.

EXTRAIT TIRÉ DU RAPPORT AU NOM DE LA COMMISSION, RELATIF AUX COURSES.

« Ce n'est pas tout que d'encourager le pays à entretenir de bonnes poulinières, de bons étalons, il faut placer le recrutement des étalons et des juments, pour les races pures surtout, qui sont le point de départ de l'amélioration de toutes les autres, *sous la garantie d'épreuves publiques*. Il ne suffit pas toujours d'avoir choisi pour la reproduction l'étalon le mieux conformé et du sang le plus noble, et une poulinière réunissant, au même degré, les mêmes qualités ; d'avoir consacré au produit de cet accouplement les soins les plus judicieux, pour être certain que ce poulain deviendra lui-même un type de reproduction. Comme dans l'espèce humaine, la nature a des caprices qui déjouent toutes les combinaisons : en mettant toutes les probabilités en faveur de l'expérience, il y a seulement lieu de croire qu'elle sera heureuse ; mais elle a besoin d'une épreuve aussi positive que la pratique a pu l'indiquer. Jusqu'à présent, les courses ont paru, en Orient, comme en Angleterre, le moyen le plus certain d'apprécier les qualités des chevaux ; et dans ce pays, où l'on a perfectionné les races avec une égale constance, on a la conviction que les qualités comme les défauts se transmettent ordinairement par l'hérédité.

« La Commission considère les courses comme le mode

d'essai le plus sûr pour constater le mérite des reproducteurs des espèces légères, et croit même qu'il pourrait être employé pour les espèces de trait.

« Si, par une observation attentive des résultats obtenus dans les pays où les chevaux sont le plus perfectionnés, nous arrivons à la conviction que les courses sont une preuve concluante, nous devons conserver cette conviction jusqu'à ce que l'expérience ait consacré un autre mode d'essai. Beaucoup ont été tentés, et aucun n'a encore inspiré de confiance aux esprits sérieux. Or, en Angleterre et aux États-Unis d'Amérique, les courses de vitesse, telles qu'elles sont établies en France, en Allemagne et en Russie*, ont contribué, plus que tout autre moyen d'encouragement, à fonder la supériorité des chevaux. Les étalons, comme les juments qui y ont acquis le plus de renommée, sont aussi ceux qui, aux haras, se sont distingués comme les meilleurs reproducteurs.

« Sans remonter jusqu'au fameux Éclipse, qui lui seul a produit entre 300 et 400 vainqueurs, parmi lesquels un grand nombre ont, comme reproducteurs, acquis beaucoup de célébrité, il n'y a qu'à jeter les yeux sur le registre officiel des courses en Angleterre, pour se convaincre que la plupart des chevaux qui ont brillé sur les hippodromes sont devenus les meilleurs types de reproduction.

« Et ce n'est pas seulement comme reproducteurs de chevaux de course qu'ils se sont illustrés; alliés avec des juments de races moins pures, ils ont produit les meilleurs chevaux de chasse, de guerre et même de carrosse. Que les esprits les plus prévenus contre les courses se livrent à quelques recherches, qu'ils consultent des hommes d'expérience, et il n'y a pas de doute qu'ils se rangeront à l'opinion de la Commission qui, *unanimement*, a reconnu l'utilité et la nécessité des courses publiques.

Pouvait-on les établir dans notre pays autrement que chez nos voisins qui ont expérimenté ce système depuis plus de deux siècles ?

Il peut arriver quelquefois que le jockey le plus habile, monté sur un cheval inférieur, lui assure la victoire. Mais cette chance ne saurait se renouveler souvent, et c'est sur des succès répétés que se fonde la réputation des vainqueurs.

Quant à l'entraînement, il peut changer les conditions relatives de la lutte; et c'est surtout pour offrir à l'éleveur la chance d'une compensation pour les frais qu'il occasionne, qu'il est essentiel que les prix de course soient assez élevés. C'est avec l'aide de ces encouragements que les propriétaires peuvent placer leurs chevaux sous la direction la plus habile; c'est ainsi que les mêmes moyens, mis à la portée de tous, établissent entre eux l'égalité, qui est la meilleure garantie d'une loyale concurrence.

S'il est possible qu'un entraînement peu judicieux, des courses trop souvent répétées, nuisent aux qualités des chevaux, il est certain que, pratiqués d'une manière bien entendue, ils favorisent le développement progressif d'une bonne et solide conformation, et mettent en relief les qualités qui en sont le résultat. A cet égard il n'y a d'autre guide que l'expérience, d'autre garantie que l'intérêt du propriétaire.

Quant à la longévité, elle dépasse chez les chevaux les plus célèbres dans les courses, celle des autres chevaux. Ce n'est pas parce qu'ils ont beaucoup couru qu'ils vivent plus longtemps; mais ils n'ont résisté à l'épreuve des courses que parce qu'ils étaient doués d'une excellente constitution, et la supériorité de cette constitution, que les courses ont mise en lumière, est elle-même l'explication de cette longévité.

On a souvent émis l'opinion qu'il était possible de juger la vitesse d'un cheval par sa conformation; que l'on recherchait dans les chevaux de course des formes tout à-fait différentes de celles qu'on désire rencontrer dans le cheval de chasse ou de guerre, et qu'on s'attachait à les propager dans la reproduction.

Il y a en effet des idées reçues à l'égard de la conformation qui détermine la vitesse et le fond. Mais l'expérience vient parfois leur donner un démenti, et lorsqu'il est possible de trouver réunie à la vitesse la conformation du cheval de chasse ou de guerre, ce qui arrive souvent, ces animaux sont les plus recherchés pour la reproduction.

Une course de quelques kilomètres paraît, à certaines personnes et à plusieurs membres de la Commission, insuffisante pour constater le fond des chevaux; la vitesse qu'ils déploient avec des poids légers est, suivant eux, une preuve peu concluante de leur supériorité. C'est là une erreur qu'il faut combattre.

Quoique limitées à quelques minutes, ces courses sont une épreuve si violente, qu'il n'y a pas de cheval qui puisse la subir dans toute l'extension de sa vitesse. Rien ne met plus en jeu les qualités essentielles de la force que l'usage complet de toutes les facultés qui concourent à la conformation de la vitesse : largeur des organes de la respiration, ampleur des muscles et des tendons, fermeté et résistance des points qui forment levier et appui, docilité de caractère, tout est soumis en même temps à l'action de la vitesse, et le cheval le plus rapide est ordinairement celui qui, à une allure moins précipitée, fournira la course la plus longue. De nombreux exemples viennent à l'appui de cette opinion.

Nous ne citerons que l'expérience faite en Russie. Dans une course de 80 kilomètres entre des chevaux cosaques et des chevaux de pur sang Anglais, ces derniers, réunissant à un plus haut degré la vitesse et le fond, devancèrent de beaucoup leurs concurrents qui, épuisés de fatigue, succombèrent peu de temps après la course.

Ce n'est pas seulement sur les chevaux cosaques que les chevaux anglais ont l'avantage de la vitesse : les chevaux arabes eux-mêmes leur sont inférieurs sous ce rapport, et c'est par ce motif que la Commission a été d'avis qu'une faveur de poids devait être faite aux chevaux arabes, ou issus de père et mère arabes courant avec des chevaux de pur sang anglais.

Des préventions existent encore et dans les meilleurs esprits contre les courses. On veut y voir la satisfaction d'un goût futile au lieu d'y trouver un but d'une utilité incontestable.

La réflexion et l'étude peuvent seules les détruire.

Animés d'une sincère conviction, nous avons cherché à

démontrer que les courses sont le moyen le plus certain de reconnaître et de prouver la supériorité des chevaux et des juments propres à améliorer les espèces.

Est-il nécessaire de répondre à ceux qui jugent la conformation du cheval de course au moment où il se présente sur l'hippodrome?

Suivant eux, le cheval de course, même le plus célèbre, ne serait pas propre à faire un bon cheval de service; ils le jugent sur l'apparence anguleuse et amaigrie que lui donnent l'hygiène et l'exercice prescrits par l'art de l'entraînement. Ces formes se modifient dès que le cheval rentre au haras pour être consacré à la reproduction, et les détracteurs du cheval de course seraient fort étonnés de retrouver, quelques années plus tard, le cheval qui aurait été l'objet de leurs critiques, transformé en étalon. Son développement le rend alors presque méconnaissable, et il suffirait d'une visite dans un dépôt de l'administration pour dissiper ces préjugés.

Au reste, il faut que chacun sache bien que, parmi les chevaux de pur sang qui figurent dans les courses, les moins distingués servent à faire des chevaux de service. Les autres sont destinés à procréer, par des croisements judicieux, les chevaux de luxe et de guerre, à leur transmettre les qualités d'un sang généreux et d'une organisation puissante.

Le cheval de pur sang est un type; il ne faut pas le confondre avec ceux qu'il doit produire.

DES TYPES DU PUR SANG.

CE QUE C'EST ENFIN QUE LE CHEVAL TRACÉ AU STUD-BOOK.

Tout le monde est d'accord sur l'origine du cheval. L'Arabie a produit le type régénérateur d'où est sorti le cheval de pur sang. Le cheval de pur sang n'est autre chose que le cheval arabe transporté en Angleterre dans le courant du 17e siècle, et perfectionné au dernier degré à force de croisements, pour les besoins du pays. Il s'agissait donc de donner au cheval arabe les qualités qui lui manquaient, tout en conservant celles dont il est le type. Il fallait des chevaux d'attelage ; et, pour cela, des épaules fortes, un garrot élevé; il fallait ajouter de la force à la vitesse, et donner un rein droit au cheval arabe qui est généralement ensellé. Il fallait, en un mot, une croupe en harmonie avec les épaules et le garrot; il fallait de la taille, et c'est ce que l'on a obtenu à force de croisements judicieux, à force de temps, à force d'argent. L'on est donc ainsi parvenu à construire un animal approprié à tous les usages, tout en conservant le sang primitif, celui du cheval arabe.

Alors seulement, et c'était au commencement du 18e siècle, on commença à établir des courses où les vainqueurs à leur tour devinrent types régénérateurs, et furent inscrits à cet effet dans un livre appelé *Stud-book*. A mesure que les courses firent des progrès, l'on devint de plus en plus sévère sur la généalogie des chevaux présentés sur les hippodromes: chacun voulait avoir des produits d'Éclipse, d'Highflyer, de Pot-8-os, de sir Peter, Whiskey, etc., etc., Hérod, etc., etc.

Telle est donc l'histoire du cheval de pur sang, auquel on a constamment travaillé depuis plus de deux siècles en multipliant les épreuves, à mesure qu'avançaient les progrès et le perfectionnement. Il ne s'agissait pas d'augmenter seulement la vitesse, il fallait aussi augmenter la force. Le cheval de pur sang doit être le complément du beau, réunissant en même temps les qualités morales, les qualités physiques. L'instinct du cheval de pur sang est une chose trop connue de nos jours, pour que j'en fasse ici mention. Une chose remarquable cependant, c'est l'ensemble de ses proportions : la largeur de ses veines, la profondeur de sa poitrine, l'inclinaison de ses épaules. Il a ordinairement les reins courts, larges, et fortement musclés, les os forts, le flanc court, l'avant bras long et large, le genou fort, la jambe et le jarret larges. Le cheval de pur sang en un mot est celui qui joint à l'ensemble le plus parfait la plus grande énergie ; c'est le seul principe de la force réunie avec le courage ; *c'est en lui que réside le germe indestructible de toutes les qualités intimes du cheval noble, primitif, du cheval père ;* (1) c'est la source précieuse, féconde, intarissable de toutes les améliorations ; c'est la beauté, la grâce, la puissance ; c'est l'assemblage de toutes les perfections.

Le 3[4 de sang est le produit d'une jument de 1[2 sang avec un étalon de pur sang.

(1) *Guide du Sportsman*, par Eugène Gayot, 1839.

Le 1[2 sang est le croisement d'une jument commune avec un étalon de pur sang. C'est par ce croisement qu'on obtient tous les chevaux à deux fins, les chevaux de voiture, les chevaux de selle, en un mot, tous les chevaux de service, selon l'espèce et la taille de la jument avec laquelle l'étalon est accouplé. Il est à propos de dire ici quelques lignes du rapport de la commission du 25 avril dernier, sur le cheval de pur sang:

« Devons-nous rappeler les expériences faites « sur le cheval de pur sang et le gros cheval de « race commune? Chargés d'un même fardeau, le « cheval de pur sang l'a supporté aussi longtemps « sans fléchir; et dans les recherches anatomiques « on a toujours trouvé que les os du cheval de pur « sang l'emportaient en poids et en densité, les « tendons en élasticité et en puissance sur ceux du « cheval commun.

« Nous n'avons pas cru devoir nous étendre sur « la supériorité du cheval de pur sang; chacun « aujourd'hui sait que cette race, formée avec des « éléments précieux tirés d'Orient, constamment « renouvelés par l'accouplement des animaux chez « lesquels l'épreuve des courses avait constaté le « plus de qualités, compose une famille dont l'État

« civil est tenu avec une grande régularité dans un « registre connu en Angleterre, en France et en « Belgique sous le nom de Studbook. Ce livre con- « state, pour les éleveurs, l'origine des étalons et « juments, et les guide dans les accouplements. »

Il est reconnu que pour parvenir à faire un cheval de pur sang anglais même inférieur, avec le sang oriental, il faut plus de cinq générations, et encore n'obtient-on pas après tout ce temps un aussi parfait résultat que celui qu'on obtient par une seule génération du cheval de pur sang anglais.

Le chapitre précédent montre quel parti on a dû tirer en Angleterre, comme producteur, de ce cheval perfectionné, appelé cheval de pur sang. Si dans les générations il est des ressemblances extérieures qui frappent, à plus forte raison, les qualités et les défauts, tant dans le sang que dans les vices des proportions, devront-ils se transmettre ? Cette question me mène naturellement à traiter le chapitre relatif aux poulinières.

DES JUMENTS POULINIÈRES.

Le chapitre précédent montre quel parti on a dû tirer en Angleterre, comme producteur, de ce cheval perfectionné, appelé cheval de pur sang. Si, dans les générations, il est des ressemblances extérieures qui frappent, à plus forte raison, les qualités et les défauts, tant dans le sang que dans les vices des proportions, devront-ils se transmettre? Cette question me mène naturellement à traiter le chapitre relatif aux poulinières.

Il fallait au cheval de pur sang une origine non moins bonne que la sienne, mais particulièrement les formes les plus parfaites pour être appropriées à un accouplement dont le résultat devait être une nouvelle perfection. A cet égard je dirai que j'ai toujours compris qu'une jument, dans l'acte du croisement, devait servir de moule, et que le sang, autrement dit l'âme, les qualités morales devaient venir de la part de l'étalon. Là, selon moi, est presque toute la question du croisement. J'ai vu souvent donner à de très-forts étalons des juments minces, frêles et étriquées, dans le but d'obtenir des poulains de la force du père. C'est aussi impossible à réaliser qu'il est impossible de mettre le contenu d'un verre de bierre dans un verre à liqueur. La grande question du croisement git dans l'accouplement de races d'une noble origine d'abord, puis surtout dans les proportions relatives du père et de la mère. Il s'agit donc de rechercher premièrement de bonnes poulinières, et c'est là une des grandes difficultés de l'élevage, en même temps que la question la plus dispendieuse. Les Anglais l'ont si bien compris, que les premiers ils sont venus chercher en France toutes nos bonnes juments normandes, nos juments boulonnaises, et dernièrement encore, ils venaient chercher en France nos juments percheronnes. Ils comprennent si bien la valeur des juments qu'ils savent les payer ; aussi la difficulté de l'élevage en France, le peu de prix que les fermiers des départements du nord de la France pouvaient retirer de leurs juments, les leur ont-ils fait céder à de beaux prix pour l'étranger, depuis longues années. La pénurie où nous sommes pour trouver de belles juments est un de nos plus grands obstacles. Pour qu'une poulinière soit bonne, il faut qu'elle soit bien membrée, large du devant, large entre les hanches, qu'elle ait ce qu'on appelle du dessous, qu'elle soit près de terre, longue, étoffée, et que surtout elle ait un coffre spacieux; car je le répète, il faut que le poulain, dans le ventre de sa mère, ait la place pour grandir et prendre des proportions comparatives à sa croissance; puissai-je le faire comprendre par une autre comparaison tirée d'un des écrits de M. de Montendre qui dit: « Que, lorsque la graine d'une « grosse plante est ensemencée dans un petit pot, « elle germera, poussera, sortira de terre, et croîtra pendant quelques temps; mais bientôt le sujet deviendra chétif, faible et sans proportion, et « cela par le manque de la nourriture nécessaire à « son développement et même à son entretien, « nourriture qu'il aurait obtenue dans un plus « grand espace. »

En un mot, les produits ne pourront être que défectueux et mal conformés toutes les fois qu'il n'y aura pas harmonie dans les proportions du père et de la mère.

Une chose à considérer, est l'état de santé de la mère. Je suis plus absolu que beaucoup d'autres, et je considère tous les vices de sang, de construction intérieure comme extérieure, ainsi que tous les défauts, aussi bien que toutes les qualités, comme héréditaires.

J'ai aussi la manie de croire que les poulains tiendront toujours beaucoup plus de la mère que du père; c'est ce qui fait qu'en Angleterre, les juments sont beaucoup plus chères, quand elles ont atteint l'âge de 8 à 10 ans; car alors on connaît la valeur de leurs produits, et s'ils ont été reconnus bons, on demande de leurs mères beaucoup plus d'argent. Je pourrais citer à cet égard bien des juments telles que Pénélope, Prunella, Rébecca, etc., etc., qui ont toujours eu de bons produits, quoique saillies par des étalons complètement différents. On préférerait de beaucoup le produit d'une jument semblable avec un étalon inférieur, au produit d'une jument inférieure avec un étalon du plus grand mérite ; d'où je tire l'induction que le bon choix des juments est la base fondamentale de tout établissement public ou particulier pour l'élevage.

Ce que je dis là s'adresse non seulement aux juments de pur sang, mais à toute autre espèce, soit commune, soit distinguée, destinée à toute espèce d'usages.

Comme généralement les personnes qui élèvent des chevaux de pur sang les destinent à devenir eux-mêmes producteurs; et comme pour faire connaître leurs qualités, il faut les soumettre aux épreuves des courses, je dirai qu'en règle générale, il faut s'attacher à avoir pour poulinières des juments qui aient elles-mêmes fait leurs preuves sur les hippodromes, ou au moins qui appartiennent à des familles de vainqueurs, et qui aient déjà donné des preuves d'un bon genre de production; car là comme ailleurs les caprices de la nature viennent se montrer: souvent, telle superbe jument avec les plus belles apparences ne produira jamais rien de bon; telle autre avec tel bon ou mauvais étalon donnera toujours des poulains qui tiendront d'elle; telle autre fera toujours des produits qui seront les portraits du père. Il est donc impossible d'établir des règles générales; l'expérience et les observations seules vous apprennent une foule de choses qui varient chez telle ou telle jument, suivant les caprices de la nature. J'ajouterai que quelque nom que l'on donne à la question de l'élevage, qu'on l'appelle une spéculation, une industrie, un jeu, il faut dans tous les cas faire tous ses efforts pour mettre de son côté les chances avantageuses qui peuvent vous apporter les résultats que l'on cherche à obtenir, ou vous dédommager des pertes qu'on peut avoir à subir. Je conseillerai donc de donner toujours les juments d'une grande valeur à un étalon à la mode dont les mérites soient connus, ce qui pourra d'autant plus faciliter la vente des produits, car tous étalons bons eux-mêmes ne sont pas toujours bons producteurs, et tenter le hazard dans ce sens est souvent s'exposer à des mécomptes.

Quant à la taille des juments et celle des étalons, il faut comme en toute chose des termes moyens. Une trop grande taille a des inconvénients, une trop petite de même; car soit dans l'un ou dans l'autre cas on a à craindre les résultats de disproportions dans les détails, et le manque d'harmonie dans l'ensemble. Les chevaux reconnus les meilleurs ont presque tous été d'une taille moyenne, c'est-à-dire, de 4 pieds 8 pouces à 4 pieds 11 pouces, autrement dit de 14 à 15 paumes. Je donnerais de préférence un petit étalon à une grande jument, plutôt qu'un étalon disproportionné. Je ne dirai rien que très-succinctement de la robe ou couleur du poil des chevaux. Toutefois il est encore une remarque à faire, c'est que comme pour les étalons, il faut là-dessus consulter et la mode et le goût. Toutes les couleurs sont je crois également bonnes, quoiqu'il soit des idées attachées au caractère de chevaux de telle ou telle couleur. Il est à remarquer qu'il y a extrêmement peu de chevaux pur sang, gris ou blancs. Les plus estimés en ce moment sont: soit bais-bruns, bais ou alezans.

Il arrive quelquefois qu'une jument baie par exemple, saillie par un étalon de la même couleur, peut avoir un produit gris pommelé. Au premier abord ceci semblera fort extraordinaire. Si l'on a cherché à en reconnaître le motif, l'on s'apercevra qu'il en est de même pour les juments que pour les chiennes et beaucoup d'autres animaux. En recherchant dans les alliances, on verra que cette jument avait été saillie une fois par un étalon gris pommelé; de même que les chiennes qui ont été mâtinées se ressentent quelquefois pendant plusieurs portées de cette mésalliance.

Une autre chose à éviter est l'alliance des familles dans les chevaux de pur sang dont les parentés sont trop rapprochées, ou ce que l'on appelle en Angleterre *breeding in and in;* car généralement elles affaiblissent le sang en détériorant la race : on pourrait citer bien des exemples à cet égard.

Si l'on veut donc avoir de beaux produits, il faut commencer par s'occuper du choix des juments ; car si, comme je l'ai dit plus haut, elles doivent servir de moule, on comprendra que des juments appelées vulgairement ficelles ne pourront jamais faire que des ficelles, quelles que soient les qualités de l'étalon qu'on leur donnera.

Mais avec une jument forte, large, étoffée, il est reconnu et il est évident qu'on obtient des produits du même genre que la mère, et d'autant mieux qu'ils ont plus qu'elle un peu de la distinction du père et surtout de ses qualités.

DES BOXES, DES HANGARS,

DES PADDOCKS OU PACAGES, ETC.

Il y a plusieurs sortes d'élevage; il y a différentes espèces de races destinées à différents usages: le tout suivant la contrée, les habitudes, les besoins et les ressources de telle ou telle localité...... Quoi qu'il en soit, il ne faut jamais sortir du point de départ: c'est que le cheval étant originaire de l'Arabie, il faut, pour obtenir les progrès que l'on cherche, se rapprocher autant que possible des habitudes, du sol et de la nourriture du type originaire; en conséquence rechercher les sols sablonneux, pour y établir unharas quelconque, et donner du grain pour nourriture. L'exposition à l'abri des vents froids, les terrains légèrement en pente, la qualité de l'eau avoisinant les pacages sont autant de considérations qu'il ne faut pas perdre de vue pour la place et l'établissement d'un haras. Il importe également d'établir dans les écuries des fenêtres à 3 ou 4 pieds au-dessus de la hauteur des chevaux, pour que l'air puisse circuler dans le haut de l'écurie sans tomber sur les reins. On doit faciliter autant que possible une constante ventilation pour changer l'air des écuries; à cet égard, il est bien d'établir dans chaque boxe ou étable de 10 pieds carrés environ, une cheminée en zinc, recouverte, afin que la pluie ne puisse tomber dans l'écurie, mais percée de manière à ce que les exhalaisons, tant du fumier que des chevaux qui sont dans les écuries, puissent s'évaporer constamment. Ces différentes questions sont traitées bien souvent avec une légèreté extrême, et cependant elles ont pour effet contraire les plus graves conséquences.

Pour l'animal comme pour l'homme, on doit toujours établir un air salubre, qui entretient la santé, et est un des principes d'hygiène indispensable au bien-être et au développement. Dans le milieu ou vers la porte de chaque boxe, il faut établir un petit conduit fermé d'une grille, par lequel s'échappent les urines : ce qui laisse constamment la paille sèche, saine et propre, et évite les miasmes et exhalaisons malsaines, conséquences inséparables des sels alcalins qui s'introduisent dans les interstices des pierres ou briques qui forment le sol des dites écuries. J'ai souvent vu des chevaux que l'on disait attaqués de fluxion périodique, qui souvent même devenaient aveugles par les seules causes que je viens de citer plus haut; et, en effet, il n'est personne qui, entrant dans une écurie sale, sans air, où croupit une quantité de fumier, ne se soit senti comme asphyxié par les exhalaisons des urines qui séjournent, et par l'odeur fétide qui en devient la conséquence. — Que l'on juge des souffrances d'un pauvre animal qui jour et nuit est sous l'influence d'un pareil état de choses! Le sol, pour être sain, doit être fait dans chaque écurie soit en planches grossières légèrement en pente, soit préférablement en briques de champ. On comprend que pour des juments d'une grande valeur surtout, ces petites dépenses doivent être faites; car la terre seule, naturellement froide, où reposerait la bête, pourrait lui causer des rhumatismes et souvent des refroidissements pernicieux. Ce système de construction, comme l'indique du reste la Planche ci-contre, est bien peu dispendieux. On peut faire ces différentes boxes en plusieurs compartiments sous le même toit ; on peut les construire soit en pierres, soit en briques, soit simplement en planches superposées les unes sur les autres comme des briques, et peintes avec du goudron de gaz ou *coal-tar*, qui a plusieurs qualités à cet effet : 1° c'est très-bon marché puisque ce goudron ne coûte que 13 à 14 francs les 100 kilos ; 2° c'est que la pluie ne peut faire aucun mal sur les planches ainsi peintes ; et 3° les chevaux ne pouvant pas souffrir le goût de ce goudron ne mordent pas les planches, ce qui les empêche de prendre la mauvaise habitude de tiquer.

Dans chaque boxe il devra y avoir 2 mangeoires en fonte placées à deux coins différents; au-dessus de chaque mangeoire on devra mettre un anneau en fer environ à la hauteur de 2 pieds ; dans une des deux mangeoires il doit y avoir constamment de l'eau fraîche renouvelée 2 ou 3 fois par jour; et dans l'autre, soit du foin hâché, soit de l'avoine, etc. Si l'on ne veut pas faire la dépense de mangeoires en fonte, l'on peut parfaitement mettre un

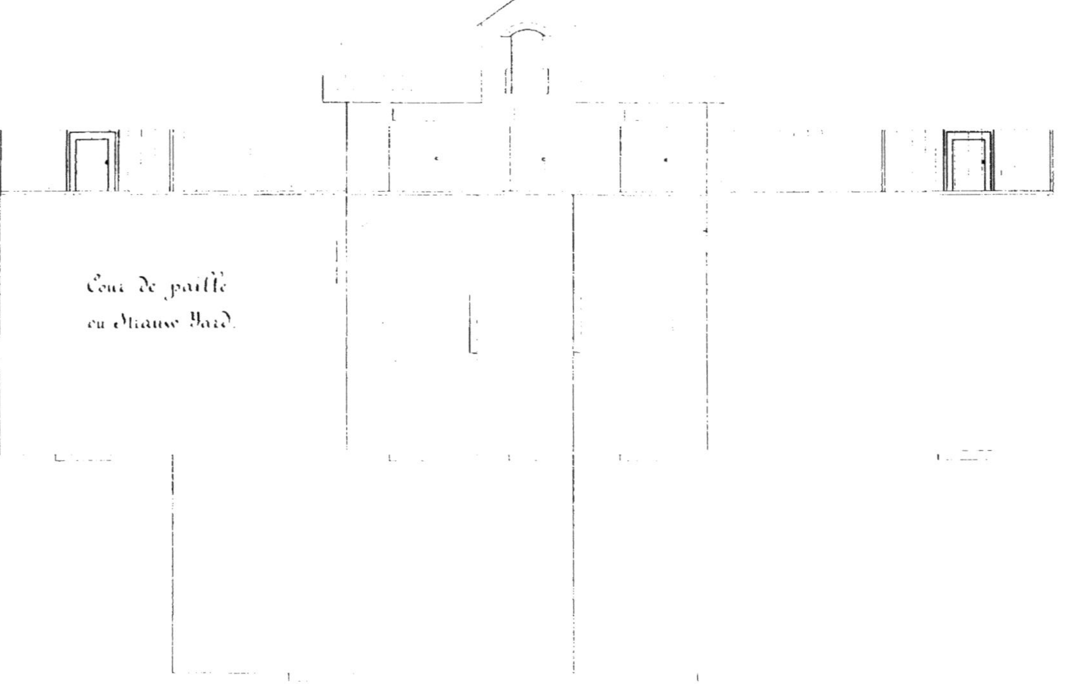
Cour de paille
ou Straw Yard.

Maison en planches
ou Hangar.

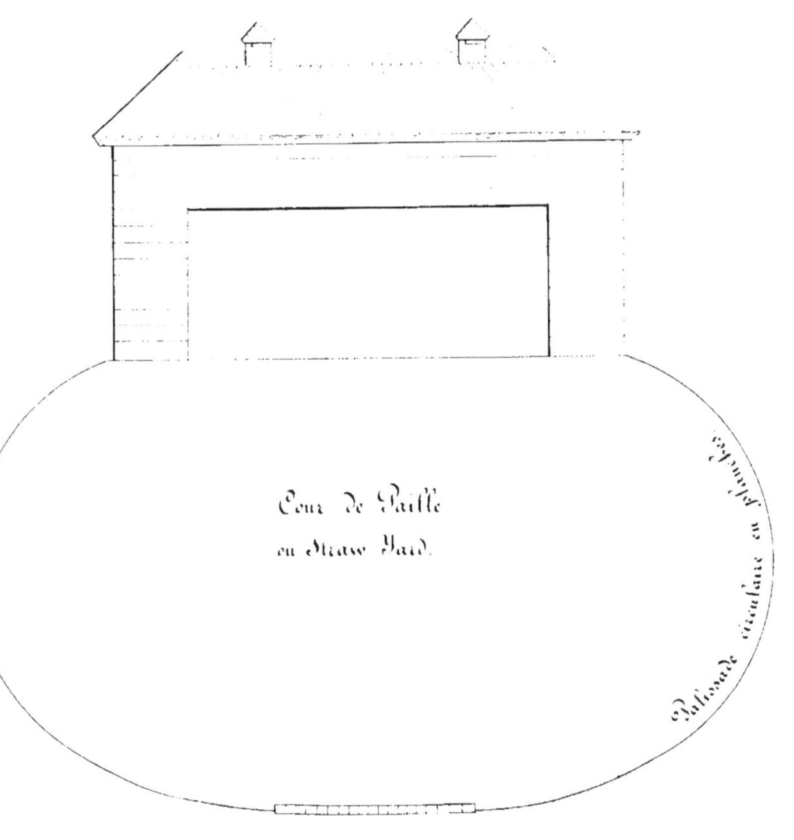

Pacage ou Paddock.

baquet dans l'un des coins de l'écurie, et donner le foin par terre, ou dans une mangeoire en bois ordinaire. Ces boxes ou écuries devant contenir soit des juments, soit des poulains, il est dangereux d'avoir des ratelicrs dans lesquels, en jouant ou sautant, les poulains pourraient se prendre les jambes. Pour les juments d'une grande valeur, il est bien de les mettre chacune dans une boxe particulière, avec une cour de paille comme le dessin de la Planche ci-contre; par là on évite les coups de pieds, les morsures et les chances d'accidents.

Quant aux juments de service qui travaillent jusqu'au moment de la mise-bas, elles doivent être à l'écurie, et au régime de tous chevaux de travail; mais pour celles qui ne travaillent pas, elles doivent être dans des boxes, en liberté, plusieurs réunies dans un espace plus ou moins grand suivant la quantité de juments qu'on veut y mettre, lesquelles boxes doivent être entièrement ouvertes d'un côté sur une cour de paille, comme le représente la Planche II. Dans tous les cas, pour toute espèce d'écurie quelconque d'élevage, où les juments ne sont point astreintes au travail, il est utile que leurs cours de paille aient une ouverture donnant dans les pacages qui leur sont habituellement destinés. Ces pacages n'ont pas besoin d'avoir plus d'un hectare d'étendue pour 5 à 6 juments; l'on comprend par là combien il y a peu de main-d'œuvre, et peu de soins minutieux.

Dans l'hiver, les juments n'ont pas besoin de sortir de leur cour de paille, et aussitôt le mois d'avril, jusqu'au mois de décembre, le garçon de ferme n'a pas d'autre travail à faire que de nettoyer l'écurie, mettre de l'eau fraîche dans les baquets, et ouvrir la porte du pacage. Pendant l'hiver, la seule différence à y ajouter est d'apporter du foin 2 ou 3 fois par jour aux juments qui en mangent à peu près de 12 à 15 livres chacune.

Il est inutile de donner de l'avoine aux juments d'espèce commune qui ne travaillent pas. Quant aux juments de pur sang, l'on peut leur en donner quelques litres pour exciter le développement du poulain dans le ventre de sa mère; encore est-il prudent d'en user avec modération aux approches de l'époque de la mise-bas, car trop d'avoine pourrait leur donner une trop grande excitation, et les faire avorter. Toutefois, pendant l'hiver, rien n'est meilleur que des carottes coupées et mêlées dans du son frisé; de même que de temps à autre, quelques mâches de graines de lin bouillies dans lesquelles on peut ajouter une pincée de sel. Une jument doit toujours avoir de l'eau à volonté dans sa boxe.

Quiconque veut avoir de beaux produits doit éviter que ses juments ne soient trop grasses ; car la graisse intérieure qui se forme par l'effet d'une nourriture trop abondante ou trop succulente ressert l'espace laissé au poulain et empêche son développement. Des juments trop grasses n'ont jamais eu généralement que de petits produits ; il faut qu'elles soient en bon état sans maigreur.

Je n'ai pas besoin de dire que toute jument en liberté doit être déferrée pour éviter les accidents causés par les coups de pieds. Il est inutile de les panser.

Un des points les plus importants et sur lequel il faut attacher la plus scrupuleuse attention, est la clôture des pacages. C'est une des questions difficiles aussi bien que dangereuses. Si ces clôtures sont faites sans soin, si ce sont simplement des morceaux de bois sec ou pourri, attachés en désordre au bout les uns des autres, comme je l'ai vu si souvent, il ne faudra pas s'étonner de voir arriver des accidents nombreux. Une jument qui cassera sa clôture, se sentant libre, galoppera comme une folle; si des poulains sont dans la même prairie, ils s'échapperont dans toutes les directions, et, dans leur fuite fougueuse, iront se jeter dans les fossés, contre des arbres, ou sur des tas de pierre, etc., etc. Moins qu'en toutes choses, l'élégance n'est pas nécessaire pour l'élevage, mais il faut de la solidité: des barres de bois soigneusement attachées en deux rangées à la hauteur de 4 pieds, et peintes d'une couche de goudron de gaz pour éviter qu'elles ne les mordent, forment une clôture bien simple, peu dispendieuse et très-convenable.

Quand on peut avoir des haies vives infranchissables, cela vaut assurément beaucoup mieux; des murs cependant leur sont encore bien préférables; car pour les juments de pur sang qui craignent les mouches, les haies vives ont l'inconvénient d'en contenir souvent une grande quantité.

Les portes des pacages (ou paddocks), doivent pouvoir se fermer d'elles-mêmes; car sans cela la négligence du palefrenier peut souvent être cause de graves accidents.

Quand l'on n'a qu'un seul pacage pour ses juments, et que l'herbe en est mangée, il est nécessaire d'avoir dans l'intérieur une place destinée à recevoir le fourrage vert qu'on vient y apporter plusieurs fois par jour, soit du ray-grass, soit de la luzerne, soit du sainfoin ou du trèfle. Quand, au contraire, on a une série de paddocks ou pacages où l'on peut alternativement mettre les juments, quand l'herbe est finie de manger dans l'une d'elles, voici le mode d'agir:

Au printemps l'herbe étant plus longue, vous commencez par mettre dans la paddock que vous destinez aux juments, des vaches pendant quelques jours; les juments venant après mangeront l'herbe avec voracité et préféreront surtout celle poussée autour des fientes des vaches. Avant qu'elles n'aient complètement mangé l'herbe de la paddock, l'on doit ôter les juments de celle-ci pour les mettre dans une autre, et mettre à leur place des moutons qui finissent de brouter complètement l'herbe laissée par les juments, et ont l'avantage, par leur piétinement continu, de raplanir la sole où les juments ont laissé souvent des empreintes par des temps humides; ce qui fait qu'après le passage des moutons, le pré est complètement ras comme s'il avait été fauché et passé au rouleau. Les sels alcalins provenant des fumiers de moutons ont l'avantage de rendre les herbes plus friandes pour l'époque où les juments devront y revenir.

Quand on a des élèves mâles et femelles, il faut toujours avoir soin de les séparer à l'age de 18 mois, et de les mettre dans des paddocks différentes, en ayant soin que ces paddocks soient séparées entr'elles par une autre paddock intermédiaire, ou par un intervalle assez grand; sans quoi, cherchant à jouer ensemble et à se sentir, ils se prendront les jambes dans la clôture, la casseront, se sauveront: ce qui est bien souvent une des principales causes des accidents qui arrivent.

On ne devra pas non plus laisser approcher des paddocks où sont les juments pleines, des chevaux entiers, ni des chevaux hongres: ce qui souvent fait avorter les juments. Les paddocks doivent toujours être autant que possible exposées, soit au levant, soit au midi.—Lorsqu'elles seront en pente, elles seront d'autant plus saines puisque les eaux n'y séjourneront pas; l'herbe y sera préférable, et l'on pourra se convaincre que les juments recherchent toujours l'herbe le plus haut placée dans la paddock, et c'est ordinairement la plus courte. Lorsque les eaux séjournent dans un pacage, l'état d'humidité ordinaire de la sole engendre pour les poulains des pieds mous et plats. Nous avons dans le Bourbonnais bien souvent des places de ce genre où l'eau, ne pouvant circuler, demeure stagnante, produit des herbes mauvaises, malsaines, en même temps qu'elle occasionne aux juments les accidents qui surviennent toujours par l'effet des eaux croupissantes, corrompues et putrides. Autant que possible donc, il faudra dessécher les pacages trop humides, en détournant les eaux par des petits canaux souterrains faits en pierre sèche, en briques, ou simplement en remplissant les fossés d'écoulement de gros cailloux recouverts de terre par où les eaux peuvent s'échapper. Ce point est un des plus importants de l'élevage: pour avoir un bon pied, le poulain ne doit jamais être que sur une sole sèche, sablonneuse et solide.

Pendant l'été, comme pendant l'hiver, il est de toute nécessité que les portes des paddocks donnant dans les écuries restent ouvertes, pour laisser les juments y aller librement. Aux angles des portes on établit des rouleaux pour que les bêtes, en courant avec force, ne puissent se faire autant de mal en y venant se heurter. Si les paddocks ne sont pas contiguës aux écuries, il faut que dans chacune on établisse des hangars où les juments et leurs élèves puissent toujours se mettre à l'abri, soit du soleil, soit d'une pluie d'orage.

DE L'ÉLEVAGE DES POULAINS.

ET PARTICULIÈREMENT DE CEUX DE PUR SANG.

On s'aperçoit qu'une jument va mettre bas dans quelques jours quand les mamelles commencent à grossir, et le terme devient très-prochain quand on voit quelques gouttes de lait ou de gomme blanche au bout des mamelles. Il est donc nécessaire de faire veiller dans l'écurie de la jument ou d'avoir à côté d'elle un gardien qui puisse y prêter la plus grande attention, et prendre tous les soins dont une mise-bas difficile viendrait réclamer l'urgence.

Quelques temps après la mise-bas, une heure

environ, il est bon de donner à la jument une mâche bouillie de son avec de la graine de lin. A peu près à la même époque, j'ai pour habitude de donner au poulain qui vient de naître une once de sel d'Epsom qui lui facilite les premières évacuations, et empêche les coliques qui seraient susceptibles de le prendre; les poulains ayant dans cette circonstance une grande propension à être échauffés. Selon que la mère a plus ou moins de lait, il est utile de prêter une grande attention à cet égard; car d'un côté, il y a à craindre les inflammations et fièvres de lait; de l'autre, dans le cas où elle n'aurait pas assez de lait, il faudrait savoir y suppléer. Dans tous les cas, une nourriture rafraîchissante, des mâches de graines de lin, quelque peu de luzerne mélangée de sainfoin si l'on est dans la saison des herbages, ou sans cela des carottes mélangées à du son frisé, et pour boisson de l'eau blanche, sont une bonne nourriture pour la jument. Quant au poulain, si la mère a assez de lait, sa nourriture est toute naturelle; sinon, il n'y a qu'à traire une vache dont on met le lait dans une jatte, et l'apporter tout chaud au poulain, auquel on le fera boire en mettant le doigt dans le lait, et le faisant sucer au poulain qui, peu à peu, prendra l'habitude de boire le lait dans le vase qui le contiendra. Le 2e jour de la naissance du poulain, il est déjà bon de lui faire manger de l'avoine en farine délayée dans du lait. Au bout de quelques jours on lui donne la farine un peu plus grossière, puis simplement de l'avoine concassée, et au bout de 15 jours, un poulain doit au moins en manger un litre de cette façon. Tous les jours on doit augmenter par degrés la ration, en ayant soin d'attacher la mère dans un angle de la boxe et de donner au poulain son avoine dans une autre encognure. Au bout d'un mois le poulain connaîtra parfaitement la place où lui est donnée sa ration, et petit à petit il devra en manger en abondance, mais toujours concassée, car ne pouvant pas la broyer il ne la digérerait pas, et par conséquent, elle passerait sans produire aucun effet. Il est utile d'attacher à la tête du poulain un très-léger petit licol qui se terminera par une longe d'un pied de long, afin qu'on puisse facilement le saisir par ce moyen, sans lui causer de surprise ni d'effroi, car les poulains de cet âge sont naturellement très-sauvages.

Tout le monde sait que la jument sera prête à recevoir l'étalon dès le huitième jour, et que c'est ordinairement le 9e ou le 10e jour après la mise-bas qu'on la fait saillir. A partir de ce moment, on lui donne sa nourriture ordinaire, en ayant soin toutefois de rendre son lait le plus nourrissant possible, soit par des carottes, de la luzerne, ou des mâches de graines de lin. Environ 10 à 12 jours après la naissance des poulains, suivant le temps qu'il fera, on les laissera aller dans la prairie, ou on les retiendra chaudement dans la boxe; car il faut surtout que des poulains d'avenir par leur naissance, soient tenus secs et chaudement, et ne jamais les laisser exposés à de fortes pluies ni au froid, surtout pendant leurs premiers mois; il ne faudrait pas non plus les sortir dans la prairie de trop grand matin, tant que l'herbe est encore couverte de rosée, ce qui pourrait donner des coliques à la mère; et il ne faut pas oublier que, dans ce cas, comme pendant tout le temps que les juments allaiteront leurs poulains, ces derniers se ressentiront toujours de toutes les maladies et de tous les malaises de leurs mères. L'on comprend, par conséquent, combien il est nécessaire d'entretenir la santé de la mère dans l'état le plus parfait.

Quand on aura plusieurs juments poulinières suivies de leurs poulains, il sera prudent de s'assurer si elles sont ensemble bonnes camarades avant de les réunir dans le même paturage ; sans cela se poursuivant les unes contre les autres, il en résulterait inévitablement des accidents, soit aux mères, soit aux poulains. Ces derniers étant plusieurs dans la même paddock auront l'avantage de jouer ensemble et de prendre de l'exercice; à l'âge de 2 mois on devra commencer à leur raper leurs sabots au bout du pied pour les raccourcir, opération qui élargit les talons et donne de bons pieds. Il faut le recommencer toutes les trois semaines environ ou tous les mois. On devra avoir soin, aussitôt que la mère et le poulain seront dans la prairie, d'ouvrir les fenêtres, portes et ventilateurs de la boxe, afin de changer l'air complètement; on enlèvera en même temps tous les fumiers sales et humides, et on ne devra laisser que la paille sèche en y ajoutant quelque peu de fraîche. Il est bien compris que chaque jour on augmentera graduellement la ration d'avoine du poulain, sans cependant lui en donner assez pour le dégoûter.

A l'âge de 5 ou 6 mois on devra commencer à s'occuper du sevrage qui se fera en quelques jours par gradation : d'abord on enfermera la jument privée de son poulain pendant deux heures de la journée, puis deux ou trois fois pendant le même laps de temps, puis enfin une demi journée ; et le 4e ou 5e jour, la jument ne devra plus revoir son poulain. Il faut alors s'occuper de lui changer sa nourriture pour diminuer son lait; à cet effet elle doit être enfermée quelques jours dans sa boxe avec du foin sec et quelque peu d'avoine ; si elle a beaucoup de lait, il sera utile de la traire plusieurs fois d'abord dans la même journée, puis en diminuant chaque jour jusqu'à ce qu'elle n'ait plus de lait. Toutefois il arrive que des juments méchantes ou chatouilleuses ne veulent pas se laisser traire ; il est alors un autre moyen indiqué dans l'ouvrage d'Ollivier Chuteau, imprimé en 1837, dont je n'ai jamais eu besoin de faire usage, mais qu'il est bon d'indiquer ici en cas de nécessité. « On doit prendre « une pelle à braises qu'on chauffera au fourneau ; « après quoi, on la placera sous les mamelles, ce « qui fera répandre le lait, et formera une très-forte « fumigation ; on devra recommencer ainsi trois « ou quatre fois par jour et cela pendant trois ou « quatre jours, après quoi il ne sera plus nécessaire « que d'éponger le pis avec de l'eau fraîche. » Huit jours après les poulinières devront retourner à la prairie. Je n'ai pas besoin de dire ici qu'il n'est jamais nécessaire de panser les juments poulinières, et qu'on ne fait que les essuyer quand elles ont été mouillées par une forte pluie d'orage.

Dès que le sevrage du poulain est commencé, l'animal aura à souffrir infailliblement de la privation du lait de sa mère; pour qu'il ne puisse en ressentir aucun mauvais effet, il faut lui donner pour boisson du lait de vache qu'il devra boire trois ou quatre fois le jour en quantité de 2 à 3 bouteilles environ chaque fois. On devra augmenter naturellement la ration d'avoine concassée dans laquelle on pourra mélanger du froment ou de l'orge broyée; quelques mâches de graines de lin bouillies seront aussi une excellente chose à donner au poulain après l'élevage. Il ne faudra jamais laisser de l'avoine dans la mangeoire que le poulain aurait refusée; elle ne ferait qu'aigrir et le dégouter davantage; et comme il importe surtout de forcer la nourriture pour augmenter la croissance et le développement du poulain, dès qu'il en est fatigué et qu'il la refuse, il faut lui donner un léger purgatif qui, dans ce cas, fait l'effet d'une soupape de sûreté. Le meilleur de tous les purgatifs est certainement l'aloès des Barbades; mais il faut se la procurer de la meilleure qualité possible. On devra en donner, suivant la force et la taille du poulain, de 5 à 6 grammes, avec autant de savon de Castille et de gingembre; mais il vaut toujours mieux commencer par une faible dose, afin de s'assurer de la constitution de l'animal (1). Les poulains devront ensuite être promenés jusqu'à ce que la médecine fasse effet: ce qui arrivera quelques heures après. Avant de donner une médecine aux poulains, il faudra toujours les y préparer par des mâches de son chaud; ils devront, dans tous les cas, ne jamais boire que de l'eau réchauffée au soleil ou à la température de l'écurie, l'eau froide sortie d'un puits ou d'une fontaine pouvant avoir de très-mauvais effets.

On sera vraiment surpris de voir, deux jours après, l'effet qu'aura produit le purgatif sur les poulains; ils mangeront alors énormément, deviendront visiblement plus forts, et grandiront en peu de temps d'une manière extraordinaire; car il ne faut pas l'oublier, nous avons à lutter contre le climat et les habitudes, en élevant chez nous le sang oriental; il faut donc faire pour ainsi dire un cheval artificiel; car tel est le cheval de pur sang des

(1) *Notice sur l'élève du cheval*, par le comte de Montondre, tiré de Darwille.

Anglais. Il ne faut pas seulement qu'il devienne haut sur jambes, il faut qu'il prenne des muscles, des tendons, que ses os grossissent; il ne faut pas qu'une nourriture mauvaise et mal raisonnée vienne détruire l'espoir qu'on attend du produit du type de pur sang. Il faut donc aider, seconder, pour ainsi dire forcer la nature. Aussi, à un an, l'on est obligé de séparer déjà les mâles des femelles; le poulain sera dans sa boxe séparé; déjà l'on commence son dressage par des promenades au pas, à la longe, on lui lèvera de temps en temps les pieds sur lesquels on frappera de la main, et cela répété souvent afin de l'habituer plus tard à se laisser ferrer sans résistance; on devra lui peigner la crinière, la queue et le toupet, et le brosser légèrement. Comme on le voit, alors commencent ses rapports avec l'homme avec lequel il doit devenir familier; on ne doit jamais jouer avec lui, mais on doit le traiter avec douceur et sévérité. Sa nourriture sera toujours la même en augmentant à proportion de sa force et de sa taille; c'est-à-dire qu'il devra manger autant de grains qu'il pourra, mais par petite quantité et à des heures réglées. Plus on peut donner à manger à un poulain de bonne heure, mieux çà vaut, mais surtout, que l'avoine qu'on lui donne soit de première qualité. C'est là le point le plus essentiel de l'élevage. Pour être bonne, elle doit peser au moins vingt livres le double décalitre. Les purgatifs devront être donnés lorsqu'on le jugera nécessaire, en augmentant toutefois la dose selon l'âge, de manière qu'à un an ils prennent douze grammes de chacun des objets indiqués ci-dessus, et dix-huit grammes à l'âge de dix-huit mois. Lorsque des poulains sont fatigués de leur avoine, et que l'on ne veut pas leur donner un purgatif, soit parce qu'ils sont malades, trop faibles ou relachés, il faudra leur changer leur nourriture presque chaque jour, et leur mélanger un peu de carottes coupées dans leur avoine, ce qui les excite à la manger. A dix-huit mois, suivant les terrains où se trouve situé l'établissement, si le sol est pierreux, il sera utile de faire mettre des demi-fers très-légers aux poulains qui sans cela pourraient s'user la corne au point de les faire boîter. Un poulain qui a été bien nourri doit manger à un an de douze à quatorze litres d'avoine par jour, et environ quatre livres de foin. A partir du moment du sevrage, ou dès que l'on ne donne plus de lait de vache aux poulains, ce qui ne se fait ordinairement que pendant le premier mois après le sevrage, il devra toujours y avoir dans l'une des mangeoires de la boxe de l'eau fraiche que l'on changera deux ou trois fois par jour pour qu'elle n'y prenne pas mauvais goût. A mesure que les poulains grandiront, on devra chaque jour augmenter leurs exercices. Si l'on s'aperçoit qu'ils ont des vers, ce qui est facile à juger par la mousse blanche qui recouvre leurs crotins, on leur donnera soit une dose de calomel mêlée avec de l'aloës, mélangée dans une mâche chaude, soit une demi-pinte d'huile de lin qu'on leur fera avaler; du reste chacun a ses différentes médecines à cet égard.

Je dois faire observer que du moment où l'on met un mors quelconque ou plutôt un filet dans la bouche d'un poulain, il doit être brisé, et au moins épais comme le doigt pour qu'il ne lui fatigue pas les barres.

Comme on le voit, ce sont des soins constants, des observations incessantes qu'il faut faire chaque jour, en même temps qu'on étudie les dispositions et le caractère de chaque poulain. Il faut deviner leurs caprices, aller au-devant de leurs besoins, exciter leur appétit, rechercher leurs goûts, connaître leurs propensions. Pour cela, on doit le comprendre, l'œil du maître est indispensable.

comment laisser à la garde d'un serviteur négligent un animal sur la tête duquel sont engagés quelquefois de si fortes sommes, sans une surveillance des plus actives. Plus on commence de bonne heure ces soins minutieux et attentifs, plus l'élève prospère promptement ; car si de l'état de germe jusqu'à sa naissance, le produit dans le ventre de sa mère prend en onze mois un si grand développement, plus l'époque de sa naissance est rapprochée, plus la croissance est rapide ; ce qui fait que c'est pendant la première année, et surtout pendant les premiers six mois qu'il convient de pousser autant que possible le poulain par une nourriture substantielle.

Il arrive quelquefois que les poulains à l'âge de 15 à 18 mois, nourris de la sorte, et ne faisant pas assez d'exercice, se mettent à lécher ou mordiller dans leurs boxes les objets qui sont en bois ; il faut alors frotter les endroits où ils se plaisent ainsi à jouer avec leurs dents, soit avec du goudron de résine chauffé, soit avec de l'aloës, et de cette manière ils n'y toucheront plus. Si l'on n'y apportait attention, l'excitation qu'ils éprouvent par l'effet d'une nourriture aussi nutritive, s'ils n'avaient assez d'exercice, leur pourrait faire prendre l'habitude de tiquer. Mais jamais l'abondance de l'avoine pour nourriture ne leur donnera la fluxion périodique, comme le font croire des gens imbus des anciennes routines et préjugés contre tout ce qui est nouveau.

Arrivé à l'âge de 18 à 20 mois, le poulain de pur sang destiné aux courses doit aller chez l'entraîneur pour y être dressé convenablement. C'est ordinairement vers le mois d'octobre ou de novembre durant l'hiver; on le prépare par un exercice gradué et modéré à subir les premières épreuves de l'entraînement qui doit le préparer aux courses pour le mois de mai de sa 3e année. Mais il ne faut pas moins d'une année et demie pour bien préparer les poulains aux courses. Cette préparation, qu'on appelle l'entraînement, n'est autre chose qu'un exercice gradué de chaque jour, qui met le poulain dans l'habitude d'un travail régulier sans fatigue. Tous les jours il doit augmenter de vitesse et de force, et pour cela augmenter son travail, de manière que le jour de la course arrivant, le cheval se trouve n'avoir qu'un exercice ordinaire. Bien peu de gens savent tous les efforts que nécessite l'épreuve d'une course; c'est tellement vrai qu'un cheval qui n'y est pas préparé peut à peine faire un demi tour d'hippodrome ; de là la nécessité d'une préparation constante qu'on appelle l'entraînement, et dès lors, les soins qu'il exige sont bien autres encore que ceux de l'élevage. C'est là où un poulain montre l'avantage d'une bonne nourriture pendant sa première jeunesse, c'est là où l'on juge s'il a été judicieusement purgé en temps nécessaire; car sans cela la nourriture abondante qu'on lui fait prendre lui aura fait amasser une graisse intérieure qui le gêne et lui empêche la liberté de la respiration. Pour pouvoir courir avec succès, il faut qu'il soit débarrassé de toute la chair flasque et superflue, il faut qu'il soit en état, sans graisse : c'est ce qui fait que lorsqu'un cheval vient à l'entraînement, s'il est gras et qu'il ait été mal nourri, cette graisse qui n'est que l'effet d'un empâtement mal compris fatigue le cheval; car il faut qu'elle parte, ce qui ne peut arriver qu'à force de médecines dans un moment où le cheval doit forcément travailler, et à force d'exercice, ce qui souvent ne s'obtient qu'au détriment des jambes par la fatigue d'un travail obligatoire pour le débarrasser de cette graisse malsaine ; de là la nécessité de purger quelquefois le poulain dans sa jeunesse, pour le maintenir en bonne santé, et le livrer en chair, fort en muscles, en os, en tendons, mais non en graisse, entre les mains de l'entraîneur qui n'aura qu'à l'entretenir dans cet état en le dressant, pour l'amener au poteau des courses à 3 ans, fort, vigoureux et sans tare, prêt à lutter sans de trop grands efforts.

Telle est la manière dont s'élèvent les chevaux de pur sang; on comprend, dès lors, que des courses seules peuvent encourager des frais semblables, frais qui bien souvent ne sont pas payés, car tous ne peuvent réussir. Toutefois, pour y parvenir, je l'ai dit déjà, on emploie tous les moyens; on se sert des souches les meilleures, on travaille enfin, et l'on fait tout ce qu'ont fait les Anglais. Pourquoi donc aussi, par les mêmes moyens, n'obtiendrions-nous pas ce qu'ils ont obtenu? Il ne nous faut qu'une chose, la persévérance, et nous arriverons!

Quant à l'élevage du 3/4 de sang, du 1/2 sang, du cheval commun enfin, il n'est besoin que de le nourrir à la prairie ou à l'étable, suivant ses propres ressources, et lui donner plus ou moins de grains suivant le prix qu'on espère en retirer. Car, comme on le voit, tout est là : avec l'espoir de gagner beaucoup, on dépensera beaucoup; ne donnez rien, l'on n'élèvera rien; car l'élevage du cheval est une spéculation, comme l'élevage du bœuf, du cochon, et de tout ce qui touche à l'agriculture.— Pour élever, on peut donc faire moins sans doute qu'il n'est spécifié ci-dessus, mais plus on s'en approchera, mieux çà vaudra. Si l'avoine vaut 1 fr. 25 c. le double décalitre, assurément l'on en donnera plus facilement que si elle vaut 3 francs. Tout dépend donc des ressources de l'éleveur, de ses intentions, de l'usage auquel il destine ses poulains. Car il en est de l'élevage comme de toute branche de l'agriculture; il faut y mettre un premier capital qui produira d'autant plus qu'il sera plus judicieusement employé.

DES HARAS

ET DE L'INDUSTRIE PARTICULIÈRE. — DES REMONTES. — MOYENS D'AMÉLIORER LA RACE CHEVALINE EN FRANCE.

Chacun à cette question apporte un système différent, mais je ne vois personne qui parle du point essentiel. On parle beaucoup d'améliorations par différents moyens, mais on ne dit jamais qu'on veut augmenter le prix du cheval pour les usages auxquels on le destine. Il n'est pas jusqu'au moindre particulier qui ne paie un cheval pour son propre service au moins 800 francs, et l'État ne veut pas payer en moyenne plus de 500 francs pour les chevaux de notre armée qui doivent être d'autant meilleurs qu'ils doivent avoir à travailler beaucoup et à supporter les fatigues de la guerre. Qu'on se rende donc compte du bénéfice d'un éleveur en donnant à la remonte le choix de ses élèves pour le prix de 500 francs. Quand je dis le choix, je ne me trompe pas; on ne prend absolument que ceux qui sont sans tares et conformes au réglement, et quant aux autres, ils restent sur le dos de l'éleveur. Aussi qu'en résulte-t-il? c'est qu'on ne donne trop souvent aux étalons de l'État que des juments usées, mal faites, tarées, en un mot qui ne sont plus bonnes à rien; elles ne peuvent plus faire aucun service, mais elles sont bien bonnes à produire, dit-on, des élèves qui dans cinq années rapporteront chacun 500 francs. Là-dessus les juments saillies par l'étalon sont envoyées dans les prés, après que les vaches en ont mangé l'herbe, et quelque temps qu'il fasse; ces pauvres bêtes se nourrissent ainsi. Quand arrivent les neiges, on les rentre à l'étable, espèce d'écurie infecte, sale, dégoutante, d'où s'exhalent les miasmes les plus pernicieux; on commence à donner à manger aux vaches qui, elles, donnent du lait, et dont on peut vendre les veaux au boucher; et quand elles ont fini, ce qui reste dans la mangeoire, leur rebut enfin, on le donne aux juments, et telle est toute leur nourriture. Or, je le demande, voilà bien là des juments poulinières!!! Jamais de grains, jamais de litière fraiche, pas d'air, et croupissant sur la fange: telle est la situation des 3|4 des juments qui fournissent les remontes. Ce que je dis là, je l'ai vu de mes propres yeux. J'ai suivi plusieurs départements à cet effet; et si quelqu'un veut s'en convaincre mieux que partout ailleurs, qu'il aille dans le département du Cantal, qu'il s'informe dans les environs d'Aurillac, et il verra lui-même tout ce que je viens de dire; et puis, l'on se plaint qu'avec les chevaux de pur sang qu'on met dans les haras, on ne fait pas de beaux élèves, que les officiers de remonte ont de la difficulté à trouver les chevaux qu'il leur faut. Parbleu! je le crois bien; 500 francs pour cinq années.. on achète les poulains à quatre ans, et onze mois qu'ils passent dans le ventre de la mère font bien les cinq années; ceci fait donc 100 francs par an, ou 30 c. par jour; et notez bien, pour ceux seulement que la remonte veut bien prendre; car pour les autres, ils restent, je l'ai déjà dit, sur le dos de l'éleveur. Eh bien! le croirait-on? malgré tout cela, j'ai cependant vu au dépôt de remonte d'Aurillac, précisément, 200 chevaux qui étaient vraiment jolis et accusaient de bonnes formes : jugez donc ce que l'on obtiendrait si l'on voulait payer davantage ; car alors on soignerait mieux, et le nombre augmentant en raison du prix, les remontes cette fois n'auraient plus qu'à choisir : ce qui leur serait d'autant plus facile que la concurrence procurerait des chevaux en très-grand nombre ; et comme chacun tient à se débarrasser de sa marchandise, ce serait à qui élèverait le mieux dans les conditions du prix fixé.

Il ne faut pas oublier que pour faire un cheval il faut cinq années; et que les éleveurs, n'ayant aucune garantie de bénéfices, laissent végéter pendant quatre ans des chevaux qui, soignés et nourris, seraient devenus bons et auraient satisfait aux exigences de l'armée. Augmentez les prix des remontes, et dans cinq ans vous aurez des chevaux à n'en savoir que faire, parmi lesquels vous pourrez choisir les meilleurs. Tous bien nourris pourront servir à d'autres usages si vous ne les prenez pas. Payez et vous aurez des chevaux comme vous voudrez.

En lisant le tarif du ministère de la guerre, on

peut se rendre compte du bénéfice à faire par les éleveurs sur ces différents prix.

ARMES.		TAILLE.	TARIF DU 15 septembre 1847.	TARIF RÉDUIT en janvier 18[illegible].
		m c m c	f c	f c
Chevaux d'officiers de toutes armes.		0 00 0 00	900 00	850 00
Chevaux de troupe.	Cavalerie de réserve	1 54 à 1 60	800	750
	Ligne et artillerie, selle . . .	1 51 à 1 54	650	600
	Légère et trait	1 47 à 1 51	550	500
	Trains d'artillerie, du génie et des équipages	1 49 à 1 54	. .	. .

Ce que je dis là n'est pas nouveau. Un homme éminent dans la question, M. d'Aure, m'en parlait encore dernièrement. Quand on veut donner des preuves, la plus belle éloquence c'est les chiffres ; or voici ce que coûtent les chevaux de remonte à l'armée. On a vu ce qu'on les paie aux éleveurs, et une fois vendus, voilà ce qui se passe : les chevaux choisis vont dans un dépôt, où assujettis à un nouveau régime, à la chaleur concentrée des écuries, la plus grande partie d'entr'eux tombe malade ; beaucoup en meurent, et ceux qui s'en sauvent deviennent rachitiques. Quand on veut les dresser, ces pauvres bêtes qui manquent de force faute de nourriture pendant l'élevage, souffrent du travail qu'on leur demande, deviennent quinteux, rétifs, vicieux bien souvent. Les effets d'une nourriture à laquelle ils ne sont pas accoutumés leur causent quelquefois des maladies inflammatoires; enfin, il se passe généralement un an avant que les chevaux qui proviennent de ces remontes puissent entrer dans le rang. Durant ce temps, ils ont coûté de 5 à 600 francs chacun environ; d'où il résulte que chaque cheval de soldat, une fois dans les rangs de l'armée, est ordinairement âgé de cinq ans et revient l'un dans l'autre à un chiffre au moins de 1,000 à 1,200 francs y compris le prix d'achat, pour la cavalerie légère, et environ à 1,450 francs pour la grosse cavalerie. Eh bien! ne vaudrait-il pas mieux demander à l'éleveur un cheval dressé de cinq ans, et le payer 1,000 francs? A ce prix on élèvera dix fois plus de chevaux que l'armée n'en voudra. Elle choisira donc à son gré, et donnera de cette manière une impulsion énorme à l'élevage; elle aura de meilleurs chevaux pour le même prix, réalisera 200 à 300 francs d'économie par cheval, et surtout évitera les nombreux cas de mortalité, les maladies et les vices dont sont atteints les chevaux de remonte, depuis le jour où ils entrent au dépôt, jusqu'au jour où ils entrent dans le rang.

On comprendrait que l'on fasse opposition à un semblable projet, si l'État devait y perdre quelque chose; mais, au contraire, le cheval lui revient meilleur marché, en raison surtout de la chance des accidents. Toute la différence qu'il y a, c'est qu'au lieu de payer 500 fr. à l'éleveur, et 500 ou 700 fr. en pertes, soins, nourriture pendant un an environ, il payerait tout d'un coup 1,000 fr. à l'éleveur; et pour 1,000 fr. tout le monde élèvera. Mais les choses ne se font pas ainsi, la routine suit son cours; et l'éleveur, comme ceux du Cantal, dont j'ai parlé tout à l'heure, voyant que, malgré toutes les économies possibles, il ne peut s'en tirer, que les chevaux qu'il vend ne payent même pas ses frais, et qu'il lui reste en pure perte pour son compte les mauvais produits et les accidents, préfère y renoncer, et donne ses juments au baudet, parce qu'à 2 ans ou même à 18 mois, il est toujours sûr de vendre son mulet de 250 à 300 fr., ce qui lui donne un bénéfice bien plus net et lui diminue beaucoup de chances d'accidents. Ajoutez à cela que, dans quelques départements du Midi de la France, le prix des mulets augmente tous les jours, par cette raison que les Espagnols n'en trouvent jamais assez à emmener (1). Si l'État veut avoir de bons chevaux, il faut les payer ce qu'ils valent; et alors on verra que le cheval de pur sang, allié comme croisement dans de judicieuses proportions avec une jument commune, mais bien faite comme poulinière, et bien nourrie, donnera un bon produit qui lui-même sera nourri et soigné en raison du prix qu'on voudra le payer. — Voyez donc, par exemple, les produits des étalons du haras d'Aurillac avec ces mauvaises juments dont j'ai parlées plus haut, comparés aux produits des mêmes étalons avec *Elvire* à M. Garric, et *Clara Wendel* à M. Destanne de Bernis, sans parler des autres juments de mérite qui sont dans les environs d'Aurillac. Un seul fait caractérise la différence, c'est que le propriétaire d'Elvire a depuis plusieurs années la vente des produits de sa jument assurée, et que l'année dernière encore, il a vendu à 6 mois un poulain d'elle, par Mameluke, plus de 1,000 francs. Tel est l'avantage du sang, telles sont les conséquences des soins sur lesquelles on peut tirer des exemples; car, quoi qu'en dise M. Richard,

(1) Plus de 15 000 mulets sont exportés de France tous les ans à l'Étranger. — *Voir le rapport de la commission du 25 avril 1848*, page 2.

page 464, que les chevaux de pur sang ne peuvent convenir à l'Auvergne, Mameluke, Fang, et tant d'autres du haras seraient les meilleurs étalons du monde, qu'avec toutes leurs qualités de producteurs, ils ne pourraient produire un bon poulain, sans le secours d'une jument qui soit au moins bonne à quelque chose, et des soins obligatoires de tout propriétaire qui veut un résultat. C'est ici le cas de répéter encore qu'améliorer la race des juments poulinières est la chose essentielle, car ce sont les juments qui nous manquent, et on ne se donnera pas la peine d'en avoir tant qu'il n'y aura pas de primes suffisantes données par l'État, tant que la vente des bons produits ne sera pas garantie à la remonte pour un prix raisonnable, et en dehors du favoritisme. Il faudrait donc à cet effet avoir des foires publiques où seraient amenés tous les chevaux destinés à la remonte ; des commissions du ministère de la guerre seraient envoyées pour faire les acquisitions nécessaires ; tout se ferait au grand jour, il n'y aurait de préférence que pour l'animal, et non pour l'éleveur; car quand on pourra mieux vendre les produits de meilleures juments, on s'en procurera de meilleures que celles que l'on a aujourd'hui, et on les soignera d'autant mieux qu'elles auront coûté plus cher. De là, donc, l'amélioration forcée par la concurrence.

Malheureusement, les différents systèmes que chacun veut apporter dans l'amélioration des races sont précisément ce qui contribue le plus à sa ruine. Pourquoi donc, par exemple, détruire l'administration des haras ou la faire passer dans le ministère de la guerre; les conséquences de l'élevage ne sont-elles pas du domaine de l'agriculture? et croirait-on, en détruisant les haras, que l'industrie particulière pourrait en ce moment suffire à créer des étalons qui deviendraient types producteurs? Quel est donc l'éleveur qui voudrait payer 100,000 francs un étalon de pur sang, comme on doit le payer pour un vainqueur du Derby en Angleterre, par exemple? Quelle est donc la ressource de l'industrie particulière quand un éleveur paie avec peine 100 francs pour une saillie, au dépôt des remontes de Paris, ou qui, dans les différents haras de province, regarde à payer 4 francs pour la saillie d'un étalon de tête? Ce n'est pas encore tout; il ne s'agit pas d'avoir un étalon, il faut encore savoir le soigner et l'entretenir; il faut à cet effet des gens spéciaux, des domestiques habitués à ce genre de service, et en France il ne faut pas nous le dissimuler, il est rare d'en trouver qui puissent bien le faire; le goût du cheval n'est pas encore assez répandu, et les soins qu'il exige assez bien compris, pour que l'industrie particulière puisse marcher d'elle-même.—Il nous faut encore longtemps le secours des haras et l'expérience surtout des gens qui les dirigent en ce moment. (1) Oui l'industrie particulière, aidée, protégée, encouragée par le gouvernement marchera; mais, livrée à elle-même, aujourd'hui surtout que le découragement s'est emparé de la société, elle périra, sans nul doute.

Jamais les haras n'ont fait faire à l'amélioration des races chevalines en France des progrès aussi sensibles, si nous remontons à 1842, époque à laquelle le général Oudinot voulait faire élever par l'administration de la guerre, il n'y a qu'à lire les réfutations de son ouvrage à cet égard par MM. le marquis de Torcy, Adolphe Dittmer, etc. Ils traitent la question d'autant plus victorieusement qu'ils appuient leurs assertions par des chiffres. C'est

(1) Pour s'en convaincre, il ne faut que visiter les haras du Pin et de Pompadour que nous envieraient les Anglais. — Quiconque ne les a vus en détails ne peut se rendre compte de la perfection de leur organisation.

encore par des chiffres que nous voyons le rapport du résultat des haras rendu par la commission en 1848 dont M. Fould a été le rapporteur. Et qu'a-t-on à répondre en face d'un tableau qui vous prouve par exemple qu'en 1839 les haras avaient en tout 867 étalons de toutes sortes, pur sang, demi-sang, carrossiers, arabes, etc., etc., qui ont sailli 33,009 juments, et ont donné 15,625 produits; et qu'en 1847, ils avaient 1,172 étalons qui ont sailli 59,313 juments, et ont donné 29,000 produits. N'est-ce donc pas là un résultat qui peut donner confiance aux plus incrédules? Car si, en 1847, le nombre des produits excède dans une seule année de 13,375 de plus que ceux nés dans l'année 1839, nous avons là dans ce chiffre la garantie de ne pouvoir jamais être pris au dépourvu, dans le cas pressant que nécessiterait une guerre. En effet l'on pourra s'en convaincre par le tableau ci-dessous qui prouve qu'en moyenne il ne faut à l'armée que 4,791 chevaux par an :

Tableau du nombre de chevaux que les dépôts de remonte se sont procurés annuellement en France depuis 1831 jusqu'en 1842.

1831	8,202
1832	5,271

1833	1,383
1834	79
1835	2,532
1836	3,433
1837	4,131
1838	9,065
1839	5,061
1840	9,403
1841	4,141
TOTAL.	52,701
Moyenne pour les 11 années	4,791 (1)

Si l'on se plaint que les chevaux manquent en France, et que les produits ne soient pas encore ce que l'on peut espérer, ce n'est pas la destruction de l'administration des haras, ni l'élevage fait par la direction de la guerre qui pourront remédier au mal; ce ne serait que détruire et toujours détruire le bien qu'ont déjà fait les haras, et qu'ont reconnu tous les éleveurs dans leurs réclamations unanimes pour les conserver, à l'Assemblée nationale en 1848. Certes nous ne l'avons que trop vu, le premier chapitre de cet opuscule peut en donner une preuve.

(1) *Des remontes de l'armée*, par le marquis de Torcy, 1842.

Depuis 1639, nous avons constamment détruit le lendemain ce que nous avions construit la veille : restons en donc où nous en sommes. A présent qu'une voie meilleure nous est tracée, que les améliorations s'opèrent chaque jour, ce serait une faute d'autant plus grave de l'abandonner, que déjà nous en ressentons les importants effets.

Nos différentes races de chevaux autrefois en réputation avaient été plus ou moins améliorées par les croisements avec le type oriental.

C'est donc reconnaître la valeur du sang que de vanter nos anciennes races françaises qui n'ont été détruites complètement que par les guerres de la fin du XVIIe siècle, celles de la République et de l'Empire, comme on l'a vu au premier chapitre. Du reste, on se vantait alors de nos chevaux, et on les reconnaissait bien beaux pour les usages de l'époque; mais il faut alors se reporter à nos habitudes d'autrefois. Ces chevaux de grande réputation ne servaient guère qu'à la selle ; on trouvait alors que faire deux lieues à l'heure était marcher très-vîte ; on serait peut-être bien surpris, si l'on amenait un de ces chevaux, de le trouver fort mauvais comparativement aux nôtres, aujourd'hui que nous avons de magnifiques routes maccadamisées, sur lesquelles on ne trouve pas faire une chose extraordinaire que de faire quatre lieues à l'heure. Si l'on était obligé de mettre à la malle poste ces chevaux dont on vante les hauts faits, si même on pouvait aujourd'hui s'en servir en chasse, à la suite d'un cerf poursuivi par des chiens anglais qui le forcent en deux heures, on n'arriverait certainement pas à la mort, et l'on reviendrait, je n'en doute pas, de ce magnifique enthousiasme pour les chevaux d'autrefois.

Autres temps, autres mœurs; à des besoins nouveaux, il faut des améliorations nouvelles; cherchons donc à améliorer ce que nous avons; soyons fiers encore des races qui nous restent; faisons le cheval percheron qui n'est autre que le produit du cheval de sang avec nos grosses juments françaises: tel est le cheval de demi sang. Profitons des ressources que nous avons en chevaux arabes dans les haras de Tarbes et de Pompadour pour faire des croisements de ce genre dans le midi, où l'acclimatation leur est d'autant plus facile; car là le cheval arabe se nourrissant mieux par la grande chaleur que le cheval de pur sang anglais, craignant moins que ce dernier l'inconvénient des mouches, peut réussir d'autant mieux qu'il se rapproche de son climat et de ses habitudes. Mais le cheval pur arabe ! voilà encore une bien grande difficulté à vaincre ; bien peu de gens savent l'impossibilité pour ainsi dire qu'il y a à se le procurer. Je me souviens qu'en 1840, lors d'un de mes voyages en Autriche, j'allai voir à Vienne, dans les écuries du prince Swartzenberg des chevaux qui venaient d'arriver soi-disant d'Arabie; toutes les poulinières étaient baies et les étalons gris ; ils étaient vraiment délicieux de forme ; un d'entr'eux me frappa surtout, il s'appelait Bedavi ; on en demandait de 15 à 20,000 fr. Le lendemain, j'appris que M. de Champagny avait acheté plusieurs de ces étalons pour la France. Bien peu d'éleveurs payeraient un prix semblable pour l'étalon d'un établissement particulier, mais bientôt la France pourra peupler des rejetons de cette race les haras du midi si l'on continue à élever à Pompadour des chevaux de race arabe, qui, il faut le dire, sont magnifiques. Chaque pays de la France peut fournir, selon son climat, son sol, ses productions, une espèce différente : ici le gros cheval de trait, là celui de grosse cavalerie, ailleurs celui de cavalerie légère ; voilà autant d'éléments de richesse que nous envient les autres puissances, et que nous ne devons qu'à notre situation topographique si parfaitement favorable à l'élève du cheval, et où il serait si facile d'arriver pour ainsi dire avant peu à la perfection si le gouvernement voulait sérieusement aider les éleveurs. Disons-le donc avec M. Adolphe Dittmer, si la France avait beaucoup de grands seigneurs terriens dépensant, comme Lord Grosvenor, 5 millions en une seule année dans un haras particulier, (1) les chambres pourraient se dispenser de donner 2 millions aux haras du gouvernement; mais il faut bien que l'État fasse chez nous ce que fait en Angleterre l'aristocratie, puisque lui seul est assez riche pour cela. Fournir à très-bon marché aux éleveurs généralement pauvres les étalons améliorateurs qui coûtent fort cher: voilà donc le but de l'institution des haras. Ils ne sont chargés que de l'amélioration et non de la production. Pour s'occuper de la production, il leur faudrait un nombre d'étalons dix fois plus considérable. On a calculé en effet que tous les ans 250,000 à 300,000 chevaux (2) environ entraient en service pour remplacer les pertes; ces 250,000 chevaux supposent 600,000 juments sail-

(1) Voir un article curieux du *Quarterly Review*, reproduit dans la *Revue Britannique*, cahier d'août 1833.

(2) *Rapport*, page 2, et Dittmer.

lies ; ce qui nécessite 12,000 étalons, tandis que le budget des haras n'a jamais permis d'en entretenir plus de 1,200. Le tableau des juments saillies par les étalons de l'état ou approuvés, s'est élevé :

En 1840	à	40,966
En 1841		41,700
En 1842		51,400
En 1843		54,700
En 1844		64,500
En 1845		66,500
En 1846		71,500
En 1847		76,300

Ce qui fait qu'en 1847, il y a déjà une amélioration de 36,000 juments saillies dans une seule année, de plus qu'en 1840.

Si nous nous reportons à cette époque que je cite toujours comme date de l'impulsion de l'élevage par le pur sang, en 1840, — nous voyons donc 40,966 juments saillies, et en 1847 nous en voyons 76,300 ; peut-on nier le progrès en présence de ces chiffres ? Or, si on le reconnaît, faut-il le détruire ou l'arrêter, en changeant un mode d'améliorations qui en huit ans a presque doublé nos ressources.

Vous qui voulez de meilleurs chevaux en France, améliorez mais ne détruisez pas, encouragez mais n'arrêtez pas l'impulsion progressive donnée par la direction actuelle des haras et les sociétés d'encouragement. Avec le perfectionnement des voies de communication viendra le perfectionnement du cheval léger, qui est celui qui nous manque le plus spécialement. (1)

L'agriculture et le roulage trouveraient un avantage considérable à employer le charriot léger à quatre roues au lieu de la lourde charrette à deux roues, si les chemins étaient améliorés. La preuve en est en Allemagne et en Angleterre, où l'on n'emploie que les charriots pour toute espèce de transports et pour tous les besoins de l'agriculture.

C'est surtout à cause de la concurrence étrangère qu'il est indispensable qu'une protection spéciale et des encouragements directs soient accordés aux propriétaires qui se livrent à l'élève des chevaux de luxe et de guerre. Jusqu'à présent cette branche de notre industrie rurale n'a point, par ses résultats, suffisamment indemnisé ceux qui s'y

(1) *Rapport de la Commission de 1848*, page 5.

adonnent pour qu'on puisse compter sur la continuité et sur le succès de leurs efforts, s'ils ne sont pas secondés par le gouvernement (1). L'état seul peut et doit continuer l'impulsion donnée, par tous les moyens qui sont en son pouvoir :

1° Avoir quelques étalons de tête pour les juments de grande valeur ;

2° Continuer à donner des primes importantes aux juments pleines et à leurs élèves provenant des étalons de l'État ;

3° Encourager l'introduction en France des juments poulinières de pur sang, pleines des étalons de tête d'Angleterre, en même temps que l'introduction des poulains *entiers* et pouliches de pur sang, destinés à la reproduction ;

4° Mais établir un droit considérable pour l'entrée en France des chevaux hongres, et attacher un droit énorme à l'exportation des juments poulinières ;

5° Répartir dans les différents haras des étalons de sang divers pour faciliter aux éleveurs les croisements qu'ils jugeront nécessaires ;

6° Établir des foires publiques dans les différents

(1) *Rapport de la Commission de 1848*, page 14.

pays d'élevage, où chacun puisse amener des chevaux à vendre pour les remontes de l'armée;

7° Augmenter jusqu'à *mille francs* le prix du cheval de cavalerie légère, et à 1,200 francs celui de la grosse cavalerie, en ne les achetant qu'à cinq ans et dressés; ce qui fera en moyenne une économie de 250 francs par cheval, d'après les chiffres et les preuves authentiques du prix de revient de chaque cheval de soldat, ce dont on peut se convaincre au ministère de la guerre (1). Çà fera donc par conséquent pour l'État une économie en moyenne d'*un million 250 mille francs* par an, sans compter l'économie importante de la diminution du matériel pour tous les chevaux de l'âge de quatre à cinq ans dans les dépôts de remonte. Et cela, en se procurant l'avantage d'un choix d'autant meilleur que pour ces prix les éleveurs se mettraient immédiatement en mesure d'élever en très-grande quantité des chevaux qui seraient d'autant meilleurs, qu'en raison du prix, la concurrence obligerait le perfectionnement des races pour obtenir la priorité du choix, de la part des officiers de remonte. Et ces prix encore diminueraient-ils sans

(1) Chaque cheval de cavalerie légère revient dans le rang pour chaque soldat à 1,250 francs, et celui de grosse cavalerie à 1,450 fr. environ.

aucun doute dans un laps de temps donné, en raison de l'augmentation du nombre des chevaux ;

8° Engager par des encouragements les éleveurs à faire castrer tous les poulains que les inspecteurs des haras jugeraient impropres à la reproduction ;

9° Mais surtout établir des courses de toutes sortes, pour des chevaux de toutes espèces, et dans presque tous les départements, et donner des garanties de stabilité pour la protection et l'encouragement à l'élevage de la part du gouvernement. Voilà les moyens d'améliorer.

Car si l'on pouvait être sûr aujourd'hui que l'impulsion donnée puisse ne pas se ralentir, que les débouchés pour les éleveurs ne pourront qu'augmenter chaque jour, que les prix de courses puissent devenir plus considérables et être répartis en plus grand nombre, chacun assurément se mettrait de nouveau à élever avec courage.—Chacun rechercherait dans ses propriétés les terrains les plus propres à être convertis en prairies; on donnerait en cheptel des poulinières à ses fermiers, l'élevage du cheval ferait partie de toutes les exploitations agricoles; la création des prairies, leur assainissement augmenteraient l'abondance des fourrages en bonifiant la qualité des herbages. Les pacages fourniraient l'avantage de l'entretien d'un plus grand nombre de bétail sans frais, ce qui, produisant une quantité d'engrais considérable, viendrait apporter les progrès de la fertilisation du sol en augmentant ses produits, en en diminuant la valeur et facilitant ainsi l'alimentation saine et nourrissante des populations des campagnes par la viande, la richesse du laitage et tout ce que procure l'aisance; conséquence, je le répète, de l'abondance qu'entraînent les prairies et le bétail dans tous les pays du monde où l'on s'occupe de l'élevage.

Est-il nécessaire de rappeler ici les pays où en France on a de la peine à trouver des hommes pour la conscription, tant ils sont frêles, petits, rachitiques et maladifs, pour montrer la nécessité d'améliorer la nourriture des populations des campagnes ? Nous devrions être honteux de voir dans notre belle France, si fertile, si riche en productions de toutes espèces, des populations entières qui vivent sans air dans des huttes infectes, et se nourrissent d'une manière dégoutante ; aussi sans force, sans vigueur, sans énergie, que peuvent-ils faire ? La saleté, l'indolence, la misère, et l'abrutissement sont les conséquences d'un semblable état de chose. Qu'on se reporte maintenant dans les pays étrangers qui s'adonnent à l'élevage; parcourez en Angleterre, le Yorkshire, le Comté de Norfolk; allez en Hollande, en Frise, en Hanovre, en Autriche, et même en Hongrie dans la Croatie, partout vous trouverez des hommes forts et vigoureux, des hommes nourris et robustes, propres et actifs; visitez la Prusse, voyez en France la Normandie. Oui partout où on élève en grand, partout où vous verrez d'immenses et belles prairies, vous trouverez la propreté, l'aisance, la force, l'activité, et les progrès de l'intelligence et de la civilisation. — Voulez-vous en faire autant en France, encouragez et protégez l'élevage; usez des moyens indiqués plus haut, et en bien peu de temps nous aurons regagné le temps perdu et réparé les désastres que nous ont causés les changements de gouvernements divers, les mouvements politiques et l'inconstance de toutes les institutions établies jusqu'à ces dernières années pour l'amélioration de l'élevage.

FIN.

TABLE.

ERRATA.

Page 39, ligne 11, au lieu de *Epsonn*, lisez *Epsom*.

Page 40, ligne 3, avant la fin, au lieu de *Piam*, lisez *Priam*.

MOULINS, TYPOGRAPHIE DE P.-A. DESROSIERS.

www.ingramcontent.com/pod-product-compliance
Ingram Content Group UK Ltd.
Pitfield, Milton Keynes, MK11 3LW, UK
UKHW021308190726
13839UKWH00007B/530

9 782329 461618